DAS GROSSE BUCH DER STRATEGIE

VON DER REFORMATION BIS ZUR DIGITALEN TRANSFORMATION

ROBERT WRESCHNIOK

INHALT

DANKSAGUNG

Hinter jeder großen Strategie stehen großartige Menschen, die mit Ideen, Leidenschaft für die Sache, Durchhaltevermögen, Überzeugung und persönlichem Einsatz einen entscheidenden Beitrag leisten, ihre Organisation in die Zukunft zu führen. Ein großes Anliegen dieses Buches ist es, genau diesen Persönlichkeiten einen Raum zu geben, um von ihren Herausforderungen und Zielen zu berichten. Die Danksagungen orientieren sich an der Reihenfolge der in diesem Buch geführten Interviews.

An erster Stelle möchte ich mich deshalb für die großartigen Gespräche und den Austausch - nicht zuletzt zum dreifachen Liebesgebot - und zur Bedeutung von moderner menschenzentrierter Führung von Organisationen bei Professor Wolfgang Huber, dem ehemaligen Vorsitzenden der evangelischen Kirche in Deutschland, bedanken. Mit Professor Huber habe ich das anlässlich des Lutherjahres entstandene Big Picture „Die Reformation und ihre Folgen bis heute" besprochen.

Ein herzliches Dankeschön geht auch an Andreas Hähndel, der mit so großer Energie, unermüdlichem Engagement und Weitblick den Bankenprüfverband aus schwierigem Gewässer wieder auf einem erfolgversprechenden Kurs Richtung Zukunft führt und dabei einem Sturm nach dem anderen trotzt. Hier habe ich erleben dürfen, dass sich die wirklich guten Kapitäne in vor allem stürmischen Zeiten als ebensolche erweisen.

Seit vielen Jahren darf ich auch Frank Meyer, den heutigen CEO von E.ON Italien, begleiten. Beginnend mit der Aktivierung einer Fusion in der Mobilfunkbranche und dem anschließenden Post-Merger-Prozess, über die Neuausrichtung des Vertriebs für Firmenkunden und die komplette Neuentwicklung eines ganzen Geschäftsbereichs bei der E.ON mit dem Future-Energy-Home bis zu seiner heutigen Aufgabe, Italien auf seinem Weg zur grünen Marktwirtschaft zu begleiten, haben wir immer wieder zusammengearbeitet, um - wie Frank es ausdrücken würde - mit ganz normalen Menschen, wie wir es alle sind, Außergewöhnliches zu erreichen. Danke für dieses Vertrauen über so viele Jahre. Thema unseres Gesprächs ist das Big Picture zur Zukunft der Energie in Italien.

Ein besonderer Dank geht an Reinhard Ploss, der mit der Idee, den Blick vom Produkt zum System zu weiten, Infineon als CEO in eine erfolgreiche Zukunft geführt hat. Von ihm durfte ich vor vielen Jahren in unserer Zusammenarbeit lernen, wie kompromisslose Qualität ein Differenzierungsfaktor im Wettbewerb wird und dass der Weg dazu nicht durch ein „Entweder-oder" - sondern ein „Sowohl-als-auch"-Denken gefunden werden kann.

Bewunderung und Dank geht an Laura Marsi, die das Thema Change und Transformation global bei der Allianz verantwortet. Sie verbindet auf unvergleichliche Weise Begeisterung für das große Ganze mit der Liebe zum Detail. Mit diesem Erfolgsgeheimnis leistet sie seit Jahrzehnten einen großen Beitrag, die Allianz in ein wirklich digitales Unternehmen zu wandeln.

Über zehn Jahre Zusammenarbeit verbinden mich auch mit Deutschlands größter Industrie- und Handelskammer, der IHK für München und Oberbayern. Heute unter der Führung von Herrn Dr. Gößl, verdanken wir dem Team der IHK und im Laufe der Jahre über 1.000 Stakeholdern aus Wirtschaft, Politik, Wissenschaft und Gesellschaft die Chance, unsere Methode auch auf einen ganzen Wirtschaftsstandort anzuwenden.

Die Stichwörter „viele Jahre" und „große Bewunderung" führen mich zu Lisa Kirberg, die ich aus der persönlichen Zusammenarbeit in ihrem ersten Job nach der Universität kenne und schätze, und die nun seit einigen Jahren sehr erfolgreich ein ganz erstaunliches Start-up führt: DAY7, eines der führenden und ersten Digital-Angebote, das Menschen in großen Strategie- und Transformationsprojekten zu gemeinsam ausgerichteten Gestaltern ihrer Zukunft macht.

Dann geht mein herzlicher Dank an Stefan Ermisch, den ich ein Stück auf seinem Weg begleiten durfte: als den CEO, der die erste Privatisierung einer Landesbank in Deutschland bis zur Aufnahme der so entstandenen Hamburg Commercial Bank (HCOB) in die Reihe der 500 wertvollsten Banken der Welt geführt hat. Sein rationaler Blick auf das, was getan werden muss, aber auch sein Gespür, wo er im Team mehr erreichen kann, wenn er es zum richtigen Zeitpunkt um geeignete Experten ergänzt, haben mich beeindruckt und geprägt.

Um die notwendigen Visionen einer erstrebenswerten Zukunft kümmert sich hauptberuflich Professorin Laura Bechthold als Leiterin des Bavarian Foresight-Institute. Gemeinsam haben wir in der Future of Leadership Initiative, die ich vor rund zwölf Jahren als Mitgründer initiieren durfte, mit Studierenden der Technischen Universität München und der Ludwig-Maximilians-Universität in Kooperation mit dem Center for Digital Technology and Management an der Vision Y gearbeitet, die sie in diesem Buch vorstellt.

Und last but not least geht mein Dank an mein Team – an all die Menschen, die mich über zwei Jahrzehnte auf der Suche nach der Frage, wie man Strategien so aktivieren kann, dass sie alle verstehen, ihren Beitrag erkennen und gerne und positiv dazu beitragen, unterstützt haben und die auch eine großartige Begleitung und Hilfe bei der Entstehung dieses Buches waren. Besonderer Dank geht dafür an Nuria Behringer, Verena Brinkmann, Heidi Isele, Ursula Leibl, Jan Reiser, Julia Schneider, Luisa Schünemann und an viele weitere Kolleginnen und Kollegen. Mit gleichgesinnten Menschen das zu tun, was man am besten kann, ist das Großartigste, was einem passieren kann. Daher widme ich dieses Buch allen Kolleginnen und Kollegen, Kunden, Partnern und Freunden mit großem Dank für all die gemeinsamen Jahre, die hinter und vor uns liegen.

VORWORT

Albert Einstein hat einmal gesagt: „Wenn Du es nicht einfach erklären kannst, hast Du es nicht gut genug verstanden." Es freut mich, dass Sie das große Buch der Strategie aufgeschlagen haben. Auf das Zitat von Einstein komme ich gleich wieder zu sprechen, aber zuerst: Warum „Das große Buch der Strategie"? Das liest sich auf den ersten Blick vermessen. Aber gleichzeitig können Sie es nicht abstreiten, wenn Sie es in den Händen halten:

Es ist ein großes Buch. Und, wie sollte man sonst in möglichst einfachen Worten einen Titel für ein Buch finden, das sich mit der Idee und praktischen Umsetzung einer gerade im Unternehmens-Kontext häufig genutzten und artikulierten Sehnsucht beschäftigt: Dem Big Picture. Das wird häufig angemahnt, versprochen, vermisst, aufgezeigt und wieder verworfen oder wie im Fall dieses Buches und der darin erzählten Beispiele, auch mal wörtlich genommen. Strategie, als spannende Geschichte über die Zukunft der eigenen Organisation erzählt und dann als großes Bild, dem Big Picture visualisiert. Wenn Sie durch die Seiten dieses Buches blättern, wird der folgende Satz auf den ersten Blick absurd wirken. Unsere Big Pictures bieten eine Antwort auf eine der großen Herausforderungen unserer Zeit: Komplexität. Denn auf den ersten Blick wirken unsere Big Pictures selbst komplex. So wie das echte Leben.

Wir sind überzeugt, die Antwort auf Komplexität lautet Kontext.

Es gibt immer viel zu tun. Es wird immer mehr. Immer schneller. Scheinbar immer widersprüchlicher. Der Plan eine Richtung auf Basis einer durchdachten Strategie einzuschlagen wird immer häufiger verworfen, denn in diesem komplexen Marktumfeld fährt man besser auf Sicht. Die reflexartige Antwort, die viele auf diese Situation geben, lautet: Simplicity. Es muss wieder einfach werden. Oder: KISS. Keep it short and simple. Doch das führt leider nach unserer Erfahrung nicht zu dem gewünschten Erfolg im Sinne des Einstiegszitates von Einstein, sondern zur Banalisierung einer komplexen Welt, die durch einfache Claims und Bullets in einer PowerPoint eben nicht weniger komplex wird. Diese Form der Banalisierung erreicht höchstens, dass sich die Menschen eines Unternehmens frustriert abwenden und auch diese „neue Sau durchs Dorf treiben" – es bleibt ja eh alles beim Alten.

Wir sind überzeugt, die Antwort auf Komplexität lautet Kontext. Und genau das ist es, was wir mit unseren Big Pictures leisten und schaffen. Wenn es zum Thema Strategie und vor allem der Strategie-Aktivierung kommt, dann wird eine der größten Stärken vieler erfolgreicher Menschen zur Falle. Über 90% der Unternehmen, für die wir tätig sind, ob groß oder klein, können entweder durch eine ausgeprägte Experten- oder Ingenieurs-Kultur charakterisiert werden. Und was macht Menschen häufig erfolgreich, die in diesen Umgebungen Karriere gemacht haben?

Sie können ins Detail gehen. Der Versicherungsmathematiker, der Risikospezialist, der Fondsanalyst in einer Experten-Kultur. Stimmt etwas nicht, dann geht es mit Schwung rein in die Excel und in Zeile 2340 Spalte 27 wird der Fehler erkannt, korrigiert und das Ergebnis stimmt wieder. Oder die Ingenieurin in einem Autokonzern: Was macht sie, wenn sie vor dem Auto steht und der Motor läuft nicht rund? Die Motorhaube öffnen. Einem Instinkt folgen. An der richtigen Stelle schrauben. Korrigieren. Ölen. Oder heutzutage eher Software neu aufspielen. Und dann surrt es wieder, wie es sich gehört. Wenn es allerdings um Strategie und ihrer Aktivierung geht ist dieses Verhalten, dass uns sonst so erfolgreich macht, genau das falsche. Hier geht es nicht darum an jeder Stelle noch tiefer ins Detail zu gehen, sondern im Gegenteil.

Drei Schritte zurückzugehen. Überblick gewinnen, den Kontext verstehen. Die Zusammenhänge begreifen und ganz wichtig, sie so gut zu verstehen, dass man sie ganz einfach und für jeden verständlich erklären kann, um den Kreis zum einleitenden Zitat an dieser Stelle zu schließen. Bevor Sie jetzt aber in die spannenden Geschichten über die Zukunft unterschiedlichster Organisationen eintauchen noch ein weiterer Gedanke, der häufig Picasso zugeschrieben wird: „Das Genie des Wissenden, ist ohne das Genie des Verstehenden wertlos." Und an dem Satz wird deutlich, warum es insbesondere den Kolleginnen und Kollegen aus der Vorstandsetage nicht leichtfällt, zu verstehen, warum das mit der Strategie und ihrer Vermittlung häufig ein so frustrierendes Geschäft ist. In unserer Erfahrung liegt das an drei Gründen:

1. Die Gruppe, die eine Strategie entwickelt, hat sich über Monate intensiv damit beschäftigt. Häufig mit externen Beratern. Immer im kritischen und intensiven Dialog mit dem Vorstandsteam und dem Aufsichtsrat. Tage. Wochen. Monate. Szenarien entwickelt. Analysiert. Konkretisiert. Verworfen. Neu durchdacht. Für gut, wenn nicht genial befunden und entschieden. Wenn sich die Strategie für diesen engsten Kreis nicht absolut klar, einfach und verständlich anfühlt, dann ist schon im ersten Schritt einiges schief gelaufen. Aber in der Regel fühlt sie sich genau so an und das birgt die Gefahr, dass unterschätzt wird, wie herausfordernd es sein kann, diese gefühlte Klarheit

dem Teil der Organisation zu vermitteln, die nicht durch diesen Prozess gegangen ist und das sind 99,9% aller Mitarbeitenden. Hinzu kommt: In der Natur der Funktion eines Vorstandes liegt es, dass hier alle Informationen aus allen Bereichen und auch aus dem Markt zusammenlaufen. Mitdenken und vorausdenken wird dadurch deutlich erleichtert, weil der Kontext klar ist. Die Zusammenhänge deutlich werden. Das genaue Gegenteil zum Alltag, den Fachbereichen und Abteilungen, die an den Vorstand reporten. Hier wird häufig nur ein Teil der „Wahrheit" sichtbar.

> Über 90% der Mitarbeitenden geben an, die Strategie des eigenen Unternehmens nicht zu kennen.

Entsprechend werden die Entscheidungen aus dem Vorstand mit dem englischen Akronym VUCA beschrieben: volatility (Volatilität – mal so, mal so), uncertainty (Ungewissheit – nicht klar verständlich), complexity (Komplexität – global-galaktisch) und ambiguity (Ambiguität – widersprüchlich). Aber nicht nur der fehlende Kontext ist eine Herausforderung.

2. In der Art und Weise, wie Strategie häufig vermittelt wird, liegt die nächste Hürde. Wir arbeiten in der Beratungspraxis an dieser Stelle mit der Aktivierungspyramide, die zeigt, dass bei einem sicherlich souveränen freien Vortrag über Strategie nur 5% in den Köpfen der Zuhörer hängen bleibt. Beim lesen eines Artikels im Intranet über die Strategie des eigenen Unternehmens bleibt ca. 10% hängen. Nach der Präsentation der PowerPoint zur Stratgie auf einem Townhall für Führungskräfte rund 20% und wenn man diese PowerPoint noch mit Best-Practice-Beispielen aus dem Arbeitsalltag ergänzt, dann verhaften rund 30% in den Köpfen der Menschen, die später die Strategie umsetzen sollen. In anderen Worten: 70% gehen verloren. Und doch sind diese drei Methoden, die klassischen Methoden der Strategie-Vermittlung. In diese drei Kanäle fließt das meiste Geld, die meiste Zeit, die meisten Ressourcen zur Strategievermittlung und bereits die Wahl dieser Mittel und tragischerweise nicht die Güte der Inhalte führt dazu, dass trotz Applaus auf dem Townhall, die nächste Mitarbeiterbefragung ergibt: Es fehlt an Strategie. Wir verstehen nicht, wohin die Reise geht. Studien zeigen: Über 90% der Mitarbeitenden geben an, die Strategie des eigenen Unternehmens nicht zu kennen. Über 70% der mittleren Führungskräfte sind nicht in der Lage, Strategie so weiterzuvermitteln, dass die Teams verstehen, wohin die Reise geht und welchen Beitrag sie leisten können, die gesetzten Ziele zu erreichen.

Fällt das Wort „Change", gehen ohnehin alle auf die Barrikaden.

3. Und zuletzt: Über 80% der Vorstände und Verantwortlichen in der Unternehmensführung sind unzufrieden wie Strategie in ihrer eigenen Organisation umgesetzt wird. Kein Wunder: 7 von 10 strategischen Projekten erreichen nicht die in sie gesetzten Erwartungen. Eine unglaublich hohe „Fail-Quote", wenn man die Milliardenbeträge im Blick hat, die jährlich für Strategie-Beratungen ausgegeben werden. Eine der bekanntesten Strategie-Beratungen, McKinsey, hat mit der Studie und dem lesenswerten Buch „Beyond the Hockey Stick" Antworten gesucht und gefunden, auf diese auch für McKinsey reputativ schwierige Erfolgsquote und kam zu dem Schluss, dass es häufig gar nicht an den falschen Zielen, dem falschen Plan, dem falschen Zeitpunkt oder dem Wettbewerber liegt, dass die Ziele nicht erreicht werden, sondern an sozialen Dynamiken in der Organisation selbst.

Soziale Dynamiken? Genau. Hier einige Beispiele dafür: Mitarbeitende, die sich beschweren, dass es keine Strategie gibt, dass sie den Durchblick verloren haben. Nicht verstehen, wohin die Reise gehen soll. Kollegen*innen, die viel zu beschäftigt sind, ihr eigenes Silo zu optimieren und zwar die Notwendigkeit der neuen Strategie loben, aber am Ende leider die Zeit fehlt, um hier richtig einsteigen zu können. Oder die Führungskräfte, die dann tatsächlich richtig einsteigen und detailliert erklären, warum die Strategie so ganz sicher nicht funktionieren kann. Und am Ende, wenn dann noch das Wort „Change" im Kontext der neuen Strategie fällt, gehen ohnehin alle auf die Barrikaden. Seit über 20 Jahren beschäftige ich mich mit meinen Kolleginnen und Kollegen mit diesen Themen und Fragen der Strategie-Aktivierung. Und es wäre peinlich, wenn uns in dieser Zeit nicht ein paar gute Antworten zu allen Herausforderungen, die sich in diesem Kontext ergeben, eingefallen wären. In diesem Buch beschäftigen wir uns mit einer dieser Antworten. 100-fach erprobt. Stetig verbessert. Und unser Weg, den wir gerne einschlagen, wenn wir damit beginnen, Strategie in Aktion zu bringen.

Viel Spaß und Inspiration beim Lesen, Blättern, Hängenbleiben, Details ergründen, Beobachten, Entdecken.

Robert Wreschniok
CEO TATIN Institute for Strategy Activation im September 2023

Wie eine epochale Geisteshaltung Menschen, Märkte und Glauben bis heute prägt.

Die Reformation als Startschuss für neues Denken

2017 wurde *Luther Reformationsjahr* als ein landesweites Jubiläum, das an den Beginn der Reformation durch Martin Luther erinnerte, gefeiert. Anlass war der 500. Jahrestag des Thesenanschlags von Luther in Wittenberg im Jahre 1517. Das war geprägt von zahlreichen Veranstaltungen und Aktivitäten der Evangelischen Kirche in Deutschland (EKD), die von der Geschäftsstelle *Luther2017* koordiniert wurden. Ziel war es, die Bedeutung der Reformation für die heutige Gesellschaft in Erinnerung zu rufen und den Blick auf die Bedeutung von Freiheit, Offenheit und Ökumene zu lenken. Professor Wolfgang Huber war ebenfalls in den Vorbereitungen auf das Jubiläum engagiert und trat auf zahlreichen Veranstaltungen auf. Außerdem beteiligte er sich an der Erstellung des Buches „500 Jahre Reformation: Reden zum Festakt vom 17. Oktober 2017". In diesem Gespräch nimmt Professor Wolfang Huber Stellung zu Martin Luther, der Reformation und ihren Folgen bis heute und zu einem Big Picture, das ebenfalls im Rahmen des Luther Jubiläumsjahres entstanden ist.

Die Bedeutung der Reformation für die Gesellschaft von Heute.

Robert Wreschniok: Herr Professor Huber, um der Menschheit so etwas wie die Reformation zu geben: Wieviel Wahrheit braucht es da überhaupt oder reichen auch einfach gute Geschichten, an die ganz viele Menschen glauben und die diese dann weiter tragen?

Prof. Huber: Es braucht auf jeden Fall beides: ein positives Verhältnis zur Wahrheit und die Verdichtung, die immer dabei entsteht, wenn einem bestimmten Ereignis eine so herausgehobene Bedeutung zuwächst. Das ändert nichts daran, dass solche Erzählungen auf die realen Entwicklungen zurückbezogen werden müssen. Gerade im Fall Luthers geht es darum, dass viele Leute die elementaren Ereignisse seines Lebens kennen und sich trotz mancher Ausschmückungen an dem orientieren, was er geleistet hat. Ein Beispiel dafür ist die Geschichte vom Blitz. Das ist natürlich eine Zuspitzung, aber sie ist nicht verkehrt. Plötzlich bekam er eine Klarheit über seinen eigenen Lebensweg, weil er von einem Blitz so erschüttert wurde, dass er merkte: „Mein Leben liegt nicht einfach in meiner Hand; vielmehr muss ich mir klar darüber werden, wem ich dieses Leben verdanke und wie ich die mir anvertrauten Gaben so einsetze, dass dies auch anderen zugute kommt." Auf diese einleuchtende Verdichtung kommt es an; für Luther verbindet sich damit die Gewissheit, in seinem Leben nicht nur anderen Menschen, sondern auch Gott verantwortlich zu sein. Das setzt sich in seiner Biografie noch an anderen Beispielen fort. Aber es fängt tatsächlich mit einem Knall an, wenn man so sagen will. Wenn man sein weiteres Leben betrachtet, muss man feststellen: es ist nicht abwegig, dass ein solcher Knall am Anfang steht.

DANKBARKEIT ZURÜCKGEBEN

Was ist wichtiger, die Geschichte über Luther, die jeder kennt und erzählt? Oder die exakte historische Wahrheit?

PROF. DR. DR. H.C. MULT. WOLFGANG HUBER

Publizist und Theologie-Professor an der Berliner Humboldt-Universität

Zur Person

Wolfgang Huber (geb. 1942) ist Theologe und arbeitete nach einer Zeit im württembergischen Pfarrerdienst von 1968 bis 1980 in der Forschungsstätte der Evangelischen Studiengemeinschaft in Heidelberg. Er gehörte dem Präsidium des Deutschen Evangelischen Kirchentags an und war Präsident des Kirchentags in Düsseldorf 1985. Nach Professuren in Marburg und Heidelberg war er von 1994 bis 2009 evangelischer Bischof in Berlin und von 2003 bis 2009 Ratsvorsitzender der Evangelischen Kirche in Deutschland. Mehrere Jahre gehörte er dem Deutschen Ethikrat an. Ethische Fragen bilden nach wie vor einen Schwerpunkt seiner Arbeit. Sein jüngstes Buch „Menschen, Götter und Maschinen" beschäftigt sich mit ethischen Problemen der Digitalisierung. Er ist Honorarprofessor an der Humboldt-Universität zu Berlin sowie an den Universitäten Heidelberg und Stellenbosch (Südafrika).

Ein starkes Narrativ ist also wichtig, um Menschen für einen neuen Weg zu gewinnen?
Ganz gewiss! Aber es gilt dabei Wahrheit und Geschichte nicht gegeneinander auszuspielen, sondern beides miteinander zu verbinden. Das Narrativ, das dadurch entsteht, sollte in beide Richtungen abgesichert werden, einerseits dem Wunsch nach Anschaulichkeit, durch die Geschichte lebendig wird, doch andererseits dem Blick hinter die Kulissen, der Legenden kritisch überprüft und auch an große Persönlichkeiten wie Martin Luther kritische Fragen stellt.

Wahrheit und Geschichte nicht gegeneinander auszuspielen, sondern beides miteinander zu verbinden.

Und wissen Sie, ob Luther selbst Autor seiner Geschichte war, also diese Geschichte selbst verdichtet hat oder ist sie aus seinem direkten Umfeld oder nach seinem Tod entstanden?
Er hat sie zunächst jedenfalls nicht besonders angestoßen. Erst in seinem späteren Leben hat er Anlass dazu gehabt, über seine eigene Lebensgeschichte zu erzählen. Beispielhaft sind die Tischgespräche, in denen er einem größeren Kreis von Studenten, die er zum Mittagessen in seinem Haus hatte, aus seinem Leben berichtete. Auch diese Erzählungen gehen über das hinaus, was sich historisch überprüfen lässt. Aber Luther war ein kritischer Geist; deshalb war ihm bewusst, dass er mit der eigenen Geschichte nicht unkritisch umgehen konnte, sondern auch sich selbst gegenüber und den Legenden über sein eigenes Leben kritisch umgehen musste.

Der alte und junge Luther. Gerade Aussagen des „alten Luther" sind heute stark umstritten.

Gab es da eine Gemeinschaft, die mit den Jüngern von Jesus vergleichbar war, die dann sein Wort weitergetragen haben?
Nein, die Tischgemeinschaft mit den Studenten war eher ein Teil des wirtschaftlichen Gesamtsystems der Familie Luther. Ich habe mich nie darum gekümmert, was die Studenten für das Mittagessen bezahlen mussten, aber seine tüchtige Frau Katharina wird schon darauf geachtet haben, dass die Rechnung aufging. Sie konnte nicht nur Bier brauen, sondern auch einen großen Hausstand leiten. Die offene Tür dieses Hauses war nicht allein der Großzügigkeit und Menschenfreundlichkeit geschuldet; sie trug auch zur wirtschaftlichen Stabilität der Familie bei.

Den Ausgangspunkt bildete sein intensives Theologie-Studium.

WAS TRIEB LUTHER AN?

Was trieb Luther an, die Kirche zu reformieren? Den Ausgangspunkt bildete sein intensives Theologie-Studium. Er hatte die heilige Schrift studiert und war dabei auf Widersprüche gestoßen zwischen dem, was er durch diese intensive Beschäftigung mit den biblischen Texten als das Zentrum des christlichen Glaubens herausgefunden hatte, und dem, was er als die Praxis seiner eigenen Kirche wahrnehmen musste. Die Ablasspraxis war dafür ein herausragendes, aber keineswegs das einzige Beispiel. Zunächst versuchte er auf dem klassischen Weg der damaligen Zeit, nämlich durch Disputationen, einen Beitrag dazu zu leisten, dass sich das änderte. Als er merkte, dass er damit auf Granit biss, gleichzeitig aber davon überzeugt war, dass er davor nicht kapitulieren durfte, betrat er mit den 95 Thesen, die ursprünglich ebenfalls Diskussionsbeiträge waren, einen alternativen, dem Evangelium gemäßeren Weg. Zu seinen wichtigen Einsichten gehörte, dass im Grundsatz alle Christenmenschen dazu beauftragt sind, das Evangelium unter die Leute zu bringen. Dieser Auftrag betrifft also nicht nur den geistlichen Stand; diejenigen, die damit beruflich beauftragt werden, sind dadurch nicht bessere Christen als die anderen.

Wäre die Aufklärung ohne die Reformation denkbar gewesen?

95 Thesen, das ist viel Stoff. Abstrakt und komplex. Wie ist es ihm gelungen, mit soviel Inhalt zu den Menschen durchzudringen?
Das gehört zu den faszinierenden Seiten, dass man Luther ohne Gutenberg nicht verstehen kann. Die Erfindung der Buchdruckerkunst bildet eine entscheidende Voraussetzung für die Reformation. Das betrifft nicht nur die Verbreitung reformatorischer Schriften. Auch der Ablass als entscheidender Anstoß für die Reformation hätte nicht eine so breite Resonanz gehabt, wenn nicht die Ablassbriefe gedruckt und dadurch in großer Zahl verbreitet worden wären; in das fertige Dokument musste nur noch der Name des Einzelnen eingetragen werden. Also nicht erst die Reformation, sondern schon das Geschehen, das die Reformation ausgelöst hat, ist mit den neuen technischen Möglichkeiten verflochten, die damals entstanden waren.

Das spannende Zusammenwirken zwischen einer geistigen Erneuerung und einer technischen Innovation.

Das ist eine ganz entscheidende Voraussetzung und deshalb darf man nicht nur an das Beispiel der 95 Thesen denken, die in der Tat dazu bestimmt waren, in Wittenberg an der Kirchentür aufgehängt zu werden, das war das schwarze Brett der Universität, sondern dass sie anschließend auch weitergegeben wurden und ganz neue Typen von Schriftstellerei entstanden. Die kurzen Texte, die Luther insbesondere um das Jahr 1520 herum geschrieben hat, haben die Reformation über die Grenzen der Länder geführt. Dann gab es Drucker in Paris die aufgenommen haben, was Luther geschrieben hat und ihrerseits auch noch veröffentlicht haben, also das ist ein unglaublich spannendes Zusammenwirken zwischen einer geistigen Erneuerung und einer technischen Innovation.

Klare Kommunkation und das bewusste in Frage stellen des Status Quo spielen eine wichtige Rolle.

So gab es einerseits positive Wechselbeziehungen zwischen technischen Entwicklungen und geistigen Auseinandersetzungen. Das sollte man im Blick haben, aber zugleich bedenken, dass solche Innovationen natürlich ambivalent sind. Das konnte man damals schon daran merken, dass in den Streitschriften der damaligen Zeit auch ziemlich viel unflätiges Zeug verbreitet wurde. Das heißt, die Technik konnte in guter, wie in problematischer Weise genutzt werden. Das ist eine historische Erfahrung, die auch im Blick auf die Aufgaben hilfreich ist, mit denen wir es heute, angesichts einer durchaus vergleichbaren technischen Innovation zu tun haben, nämlich der Digitalisierung.

Ein starkes Narrativ verdichtet zu einer Geschichte, die bis heute weitererzählt wird.

In der modernen sozialen Mediengesellschaft wäre Luther wahrscheinlich auch Ziel eines Shitstorms geworden. Auf dem Big Picture sieht man ihn als janusköpfige Figur.

Ja, der „junge" und der „alte" Luther werden recht kontrovers besprochen. Meines Erachtens muss man die Dinge auch ein bisschen auseinandernehmen. Besonders wichtig ist das bei seinen späteren Schriften, die zum Teil Grobheiten enthalten, die wir heute als unannehmbar ansehen. Dabei ist es hilfreich die leitenden Motive, der aus guten Gründen besonders umstrittenen Schriften, herauszufinden. Die Auseinandersetzung mit dem Aufstand der Bauern um das Jahr 1525 hat einen anderen Hintergrund als die maßlosen anti-jüdischen Äußerungen. Im Blick auf die Bauernaufstände war es für Luther entscheidend zu verhindern, dass durch den Aufstand der Bauern die Möglichkeit einer politischen Ordnung insgesamt zugrunde ginge. Es ging also darum, dass dramatische Auseinandersetzungen über existenzielle Fragen in einer Form geführt wurden, die zwar einerseits öffentliches Aufsehen erregen und die Wichtigkeit der Sache unterstreichen, andererseits aber die politisch-gesellschaftliche Ordnung nicht über Bord werfen. Das ist übrigens eine Auseinandersetzung, mit der wir es auch heute zu tun haben.

Soll man wegen der Klima-Katastrophe Kunstwerke anschmieren oder soll man das nicht tun? Nach meiner Auffassung soll man das nicht tun, denn gerade in Zeiten des Umbruchs braucht man eine Achtung für Kultur. Sollten also die Bauern tatsächlich alles kurz und klein schlagen, weil sie so empört waren über die Art, in der sie behandelt wurden? Oder sollten sie sich klar machen, dass sie selbst für eine gute Zukunft eine gute Obrigkeit brauchen? Luther war der zweiten Meinung. Im Hintergrund stand eine nahezu apokalyptische, zutiefst mittelalterliche Vorstellung davon, was geschieht, wenn eine verlässliche politische Ordnung verloren geht. Mit diesem Hintergrundwissen lässt sich die Auseinandersetzung mit den Bauern nachvollziehen.

Die Maßlosigkeit der Vorwürfe den Bauern gegenüber lässt sich auf diese einfache, aber ernsthafte Befürchtung zurückführen. Im Blick auf die anti-jüdischen Schriften in der Spätzeit Luthers muss man dagegen sagen, dass eine theologische Enttäuschung so mit ihm durchgebrannt ist, dass man in aller Klarheit von einem der verängnisvollsten Züge der Reformation sprechen muss. Es ist vollkommen richtig, ja es war überfällig, dass die Evangelische Kirche in Deutschland im Zusammenhang mit dem Reformationsjubiläum 2017 klar und deutlich gesagt hat, warum es für sie unmöglich ist, diese Texte in irgendeiner Art und Weise für reformatorisch zu halten. Sie sind vielmehr verhängnisvoll und inakzeptabel. Wir wissen aus unserer Gewaltgeschichte, dass sich dergleichen im Umgang mit dem jüdischen Volk und der jüdischen Religion niemals wiederholen darf. Deshalb müssen wir diese dunkle Seite der Reformation aufklären, damit alle wissen können, warum man strikt und konsequent andere Wege gehen muss. Auch das ist ein Beitrag zu einem evangelischen Verständnis dafür, was Reformation bedeutet. Sie schließt eine Haltung der Selbstkritik ein; das Wesen dieser Selbstkritik besteht darin, nicht nur das zu registrieren, was andere falsch machen, sondern vor allem das, was man selbst falsch macht.

Wie in einem Puppenhaus sind der Petersdom in Rom und die Frauenkirche in Dresden aufgeklappt. Ein Gott. Zwei Kirchen.

Luther sprach offen an, was in der katholischen Kirche falsch lief und reagierte darauf mit konkreten Vorschläge. Er war mutig in der Aufforderung: „Es muss anders werden, damit es wieder gut wird.“ Mich beeindruckt immer wieder, dass er Glauben nicht mit menschlicher Herrschaft und Macht gleichsetzte. Der Anmaßung, mit welcher der Glaube menschlicher Herrschaft unterworfen wurde, stellte er seine berühmten „Allein“-Formeln gegenüber: Allein die Gnade, allein der Glaube, allein Christus, allein die Schrift. Luther hatte ein kritisches Gespür für etwas, das in den folgenden Jahrhunderten leider immer weiter auftauchte, nämlich die Verwechslung von geistlicher Kraft und menschlicher Herrschaft. Diese Alleinformeln sind eine kritische Abgrenzung gegenüber dem Versuch, dass Menschen über den Glauben anderer herrschen wollen. Gemessen an diesem vierfachen „Allein“ kann es keine Verselbstständigung der kirchlichen Autorität oder eine unkritische Anknüpfung an die kirchliche Tradition geben.

Sola gratia, sola fide, solus Christus, sola scripture.

Wenn man das bisher Gesagte zusammenfasst, gibt es ja verblüffende Parallelen des Wirken Luthers mit der Arbeit einer Unternehmerin von heute, die ihre Organsiation in eine bessere Zukunft führen möchte. Solche Parallelen gibt es: Gründliche Analyse und Benennung der Punkte, die verbessert werden müssen. Eine konkrete Alternative zum „Einfach-weiter-so“. Die Verdichtung zu einem Narrativ, das die Leute anspricht und motiviert. Die Kommunikationstechniken der Zeit nutzen. Und sogar Prinzipien entwickeln. Nur sind das heute bei Unternehmerinnen und Unternehmern eher Führungs- oder Zusammenarbeitsprinzipien und keine Alleinformeln des Glaubens. Schließlich aber – das scheint mir mit das Wichtigste zu sein: Luther ist vorangegangen. Die Alleinformeln sind Leitplanken und als solche zunächst formal. Entscheidend ist, wie man sie füllt.

ER IST VORANGEGANGEN

Die vier Prinzipien Luthers. Sie begründen den Protestantismus.

Füllt und auch deutet und vermittelt?
Richtig. Luther war es wichtig, die Frage zu stellen: „Was ist es eigentlich, was Christus antreibt?" Wie zeigt sich in unserem Leben, dass wir uns von der Gnade bestimmen lassen und nicht von den guten Werken. Er inspiriert dazu, die biblischen Texte so zu lesen, dass wir am Ende besser verstehen, was eigentlich die Bedeutung Jesu Christi für unser Leben ist, welche Freiheit sich damit verbindet und was es bedeutet, diese Freiheit auch selber zu leben. Es lässt sich deshalb sagen, dass zu den vier Allein-Formeln noch eine fünfte hinzukommt: Allein die Freiheit.

Die Schrift von der Freiheit eines Christenmenschen gehört für mich zu den großen Schriften der Reformation. Immer wieder denke ich, dass sie für Unternehmer und Unternehmerinnen eine große Hilfe sein kann. Sie zeigt wie Glaube und eigenständige Verantwortung zusammengehören. Natürlich brauchen Menschen mit herausgehobener Verantwortung klare Leitplanken. Doch es ist wichtig, dass sie sich diese Leitplanken aus Freiheit zu eigen machen. Es geht darum, sich nicht einer Fremdbestimmung auszuliefern, sondern das zu tun, womit man sich aus guten Gründen identifizieren kann. Ich habe viele Beispiele von Menschen in wirtschaftlicher Leitungsverantwortung vor Augen, die sich daran in einer Weise orientieren, die ich sehr ermutigend finde.

Er hat vorgelebt, gezeigt und anschaulich gemacht, was es bedeutet, diese neuen Leitprinzipien bzw. Leitplanken ernst zu nehmen.
Ja, und große Hilfen dafür geleistet, dass Menschen sich diese Leitplanken aneignen und sich dafür die nötige Zeit nehmen. Was macht Luther in dem Augenblick, in dem er plötzlich Zeit hat, weil er sich angesichts der Reichsacht auf der Wartburg verstecken muss? Er nutzt die zehn Monate, um das Neue Testament ins Deutsche zu übertragen. Ein halbes Jahr später, im September 1522 wird diese Übersetzung des Neuen Testaments veröffentlicht. Aus heutiger Sicht ist das ein unbeschreibliches Tempo. Ich habe die letzte Überarbeitung der Luther-Bibel mitverfolgt. Da geht es um Korrekturen, Vermeidung von Missverständnissen, Berücksichtigung von neuer Orthographie und geschlechtersensibler Sprache. Das hat fünf Jahre gedauert. Luther hat das in wesentlich kürzerer Zeit alleine gemacht; sogar die berühmten Vorreden zum Neuen Testament stammen aus diesem ersten September-Testament.

Warum die Übersetzung ins Deutsche und in eine Sprache, die vielen zugänglich wurde?
Luther wollte den Menschen die Möglichkeit in die Hand gegeben, sich selbstständig mit der Bibel auseinanderzusetzen, beginnend mit dem Neuen Testament. Er hatte eine Vorstellung von der Weitergabe des christlichen Glaubens, zu der gehörte, dass Menschen sich den Glauben selbstständig aneignen konnten. Neben der Bibelübersetzung verdanken wir diesem Vorhaben auch Luthers Katechismen. Sie waren ursprünglich nicht nur für den Konfirmandenunterricht der Pfarrer gedacht, sondern die Hausväter sollten eine Möglichkeit haben, den christlichen Glauben einfach und mit klaren Worten in ihrem Haus weiterzugeben, das bekanntlich nicht nur aus den Kindern, sondern ebenso aus den Lehrlingen und Gesellen bestand. So sorgte Luther in der überschaubaren Einheit des Hauses dafür, dass über den Glauben geredet wurde und Menschen die Fähigkeit entwickelten, ihrem Glauben aus eigener Verantwortung Ausdruck zu verleihen. Was wir heute die Sprachfähigkeit des Glaubens nennen – oft mit dem Seufzer, damit sei es nicht mehr weit her – hat er damals mit Hilfe des Katechismus systematisch betrieben. Ich finde das einfach großartig. Er ließ nicht nur andere für solche praktischen Aufgaben sorgen. Er griff selber zu.

Und er hat ja auch geschickt bereits etablierte und „eintrainierte" Rituale der katholischen Kirche weiter genutzt, aber anders interpretiert und ausgestaltet.
Ja, er hat da ein paar revolutionäre Sachen gemacht und gesagt: Nicht nur die Theologen und Geistlichen, sondern jedes Gemeindeglied ist mitverantwortlich für die Lehre, die in einer Gemeinde praktiziert wird, jeder hat das Recht, daran mitzuwirken. Analog zudem, was er hinsichtlich der Verantwortung in der Kirche sagte, ging er auch von einem Recht dazu aus, über die Verantwortung der „Obrigkeit" mitzudiskutieren. Auf der einen Seite veröffentlicht er eine schmale Schrift, die davon handelt, dass die Gemeindemitglieder das Recht und die Pflicht haben, über die Predigt zu urteilen. Auf der anderen Seite erklärt er in einer vergleichbaren Schrift, dass die Bürgerschaft sich Klarheit über die Grenzen verschaffen soll, jenseits deren die Obrigkeit sich nicht in die Angelegenheiten der Einzelnen einmischen darf, nämlich dann, wenn es um die Freiheit des Glaubens geht. Beeindruckend ist, in welchem knappen Zeitrahmen Luther das alles zustande gebracht hat. Und wir zehren noch immer davon.

Im Rahmen einer weltweit umspannenden digitalen Transformation wurde ein ganz ähnlicher Gedanke mit „Leader from every seat" umschrieben. Gemeint war: Jeder kann Verantwortung und Führung übernehmen.

Ja, das kann man so deuten. Auch ein weiteres Gebot der Bibel scheint in der modernen Unternehmensführung Konjunktur zu haben. Denken Sie an Werteprozesse und Führungsprinzipien, die die Unternehmen inzwischen oft entwickeln. Häufig schimmert da das dreifache Liebesgebot durch. „Liebe Dich selbst, deinen Nächsten und Gott" und das wird dann sinngemäß übersetzt in „führe Dich selbst, führe Dein Team und folge der Strategie".

LEADER FROM EVERY SEAT

Jedes Big Picture lädt dazu ein, die ...

... Geschichte weiter zu erzählen. Hören wir einen freigesprochene Vortrag, bleiben im Schnitt nur 5% der Inhalte in unseren Köpfen – die Aspekte, die uns gerade inspirieren oder beschäftigen. Lesen wir einen Artikel so bleiben 15% hängen.

Folgen wir einem PowerPoint-Vortrag mit anschaulichen Beispielen immerhin bis zu 30%. Sicher ein Grund, warum sich die PowerPoint so stark weltweit durchgesetzt hat. Gelingt es den zu vermittelnden Inhalt in einen größeren nachzuvollziehenden Kontext einzuordnen und gemeinsam darüber zu diskutieren, dann bleiben 70% der Inhalte in den Köpfen. Erzählen wir selbst weiter, was wir gehört, gelesen, gesehen, diskutiert und somit gelernt haben, haben wir 90% der Inhalte in unserem Gehirn abgespeichert und erfasst.

Der Stein des Anstosses. Der Ablasshandel, also die Vergebung der Sünden für Geld, wurde zur Finanzierung des Petersdoms in Rom eingeführt.

Jeder hat das Recht, an der Lehre mitzuwirken.

Man sagt, Luther habe auch für das System, den Kapitalismus, gedanklich den Weg geebnet. Welches Denken von Luther hat da unserem Wirtschaftssystem Vorschub geleistet?
Es gibt heftige Diskussionen, inwieweit das stimmt. Und wenn ja, wie weit der Einfluss von Luther geht oder – wie Max Weber dachte – der Einfluss von Calvin und seinen Nachfahren weit wichtiger war.

Martin Luther, die Reformation und die Folgen bis heute. Hier beginnt der Weg in Richtung Zukunft und damit unsere Gegenwart.

Jeder hat eine göttliche Berufung.

Die Nutzung moderner Medien und neuer Kommunikatonsmöglichkeiten, wie dem Buchdruck, sowie eine verständliche Sprache erklärt einen Teil des Erfolges der Reformation.

Die ja auch Protestanten waren.
Richtig! Trotzdem möchte ich an dieser Stelle den Fokus auf einen besonderen Punkt setzen, der Tragweite bis in unsere heutige Zeit hat. Ich bin nach wie vor davon überzeugt, dass es bei Luther einen ganz zentralen und bis zum heutigen Tag unverändert wichtigen Ausgangspunkt gegeben hat und das ist seine Vorstellung vom Beruf. Man muss sich klar machen, dass im Mittelalter eine göttliche Berufung für eine bestimmte Aufgabe, nur für den geistlichen Stand galt, also die Mönche und die Nonnen und die Priester hatten einen direkten göttlichen Ruf und Beruf. Aber die anderen, die dafür sorgten, dass der Staat geschützt wurde, oder dass es etwas zu essen gab, die erfüllten Aufgaben, die zwar notwendig waren, für die es aber keinen besonderen göttlichen Auftrag gab. Man kann die Änderung hinsichtlich der Sonderstellung des geistlichen Standes gar nicht eindrucksvoller zeigen, als es Luther gemacht hat: Sein Grundsatz hieß:„Jeder hat eine göttliche Berufung". Die Hausfrau, die dafür sorgt, dass die Menschen in diesem Haus – möglicherweise mit Lehrlingen und Gesellen dreißig Personen – jeden Tag etwas zum Essen bekommen, übt genauso einen Auftrag Gottes aus wie der Ratsschreiber oder der Pfarrer. Sie alle sind von Gott beauftragt. Eine sehr mutige Vorstellung von der gottgewollten weltlichen Existenz bildet die Grundlage für die neue Vorstellung vom Beruf. Die praktische Sorge dafür, dass es genug Brot zu essen gibt, hat dieselbe Würde, wie auf der Kanzel zu stehen und das Evangelium zu verkündigen. Jede menschliche Tätigkeit wird mit einer großen Achtung versehen, weil sie auf die eine oder andere Weise etwas zum Wohlsein des anderen beiträgt.

Junge Menschen fühlen sich berufen, Tabubrüche in Kauf zu nehmen, um auf die Umweltkrise aufmerksam zu machen.

Jede Arbeit zählt und trägt zum Gesamterfolg bei.
Manchmal muss ich daran denken, wenn die Müllleute kommen und diese inzwischen wahnsinnig schweren Mülleimer leeren, die wir mit all dem Schrott füllen, den wir Woche für Woche leisten. Dann denke ich manchmal an Luther und den Beruf und sehe zugleich, mit welcher Gleichgültigkeit wir oft an solchen Menschen vorbeigehen, weil wir sagen: „Naja, die haben nichts Besseres gelernt". Aber sie machen etwas Lebensnotwendiges, wie jeder weiß, der einmal eine Stadt erlebt hat, in der die Müllabfuhr bestreikt wurde oder zusammenbrach. Die These vom Beruf und der Gleichwertigkeit der unterschiedlichen Berufe empfinde ich als revolutionär. Sie gehört genauso zur neuzeitlichen Entwicklung, wie die Motivation dazu, eine neue Wirtschaftsform einzuführen oder neue Möglichkeiten durch die bewusste Akkumulierung von Kapital zu erzeugen. Wenn sich dabei die Einsicht durchsetzt, es sei besser, das so erwirtschafte Geld zu reinvestieren, statt es zu verprassen, mag auch das gute Seiten haben. Weil dadurch neue Arbeitsplätze entstehen und eine langfristig gute wirtschaftliche Entwicklung möglich wird.

Also, Berufung braucht Verantwortung.
Die Spannweite, wozu man sich dabei berufen fühlt, scheint weit zu sein. Sie reicht beispielsweise vom Ballermann auf Mallorca bis zum Kampf für die Rettung des Klimas. Die einen testen ihre Grenzen in nächtlichen Orgien aus, die anderen behindern den Verkehr, um Maßnahmen gegen die Klimakatastrophe einzufordern.

Wer genau hinsieht wird viele wichtige Persönlichkeiten der Zeitgeschichte entdecken.

Die Ökumene, übersetzt "die ganze Welt", als Ziel und Hoffnung der Weltkirchen?

Spüren Sie heute noch viel von den Ideen Luthers oder den Dingen, die ihm wichtig waren, die sich irgendwie weiterentwickelt haben und auch sichtbar werden in unserem Alltag oder ist es etwas, das sich langsam rausentwickelt aus der Gesellschaft?

Vorneweg gesagt: Wir in Deutschland machen den kapitalen Fehler, indem wir die religiöse Lage ausschließlich national anschauen. Noch einmal zu Menschen in wirtschaftlicher Verantwortung. Wenn Sie sich vorstellen, der Chef von Siemens würde die Zukunftsperspektive seines Unternehmens nur unter dem Gesichtspunkt anschauen, was sich in Deutschland entwickelt. Dann wüssten wir alle, dass er die Folgen am nächsten Monatsbeginn zu spüren bekäme. Aber in einer Zeit, in der nach wie vor der Anteil der Christen an der Weltbevölkerung wächst und nicht etwa zurückgeht, schauen wir exklusiv auf ganz gewiss besorgniserregende, Entwicklungen in Deutschland und sagen dazu: „So steht es um die Religion". Es hat schon etwas Freches, sich in einer globalisierten Welt genau bei diesem Thema überhaupt nicht dafür zu interessieren, was anderswo geschieht. Ein solches Vorgehen finde ich schwer begreiflich. Doch wenn man sich auf das eigene Land konzentriert, ist es erst recht erstaunlich, dass man sich über die dramatischen, aber zugleich voraussehbaren Veränderungen in der Mitgliederstruktur der beiden größeren Kirchen in Deutschland über lange Zeit keine tieferen Gedanken gemacht hat. Man hat die Stabilität der Kirchenmitgliedschaft noch beschworen, als sie bereits erkennbar im Wanken war. Es müsste doch möglich sein zu fragen: „Warum verlassen Leute die Kirche, ist der Prozess wirklich unerklärbar?". Ohne eine solche Überlegung wird es wohl kaum möglich sein, Gegenmaßnahmen zu ergreifen. Dass man das alles nicht getan hat, schmerzt mich persönlich und ist für meine eigene Biografie eine der größeren Niederlagen. Dass allenfalls zögernd und in Einzelfällen ein Zugang zu Menschen gesucht wird, die die Verbindung zur Kirche verloren haben, bedaure ich sehr. Irgendwann wird sich das ändern, aber leider eher zu spät als zu früh.

Wir machen den kapitalen Fehler, indem wir die religiöse Lage ausschließ-lich national anschauen.

Umso mehr freut es mich, dass auf dem Big Picture das große Thema „Ökumene" (die ganze bewohnte Welt) so herausgehoben ist. Ich war 2003 der einladende evangelische Bischof zum ersten ökomenischen Kirchentag. Für mich war es eine sehr emotionale Erfahrung, dass es damals gelungen ist, in Berlin einen ökumenischen Kirchentag zu veranstalten. Dass ich nach langjährigen Kirchentagserfahrungen nun auf der Seite der Einladenden stehen durfte, war toll und irgendwie unwiederholbar.

PAPST FRANZISKUS

Die Ökumene war Ihnen immer ein großes Anliegen. Sie hatten ja Papst Franziskus schon vor seiner Ernennung kennengelernt. In Sachen Ökumene, hat er Ihre Erwartungen erfüllt?
Ja, ich habe von ihm nicht angenommen, dass er Ökumene zu seinem Leib- und Magenthema machen würde, weil er aus einem Umfeld kommt mit einer klaren katholischen Überlegenheit gegenüber allen anderen. Aber es stimmt, ich habe ihn – ohne die weitere Entwicklung zu erahnen – besucht, als er schon Erzbischof in Buenos Aires war, im Rahmen einer Delegationsreise des Rats der EKG, auf der wir immer eine ökumenische Ausrichtung hatten. Das Lustige war, wir kamen, wurden in einen Raum geführt, da waren junge Priester, die sagten: „Kommt, wir setzen uns hin", so viereckige Tische mit harten Stühlen und dann entstand ganz schnell ein lebhaftes Gespräch und plötzlich stupste mich einer an und sagte: „Übrigens, der Erzbischof ist inzwischen gekommen, dort sitzt er". Dann war er ganz leise gekommen, in dem Augenblick, in dem er halt Zeit hatte und merkte, dass an fünf Tischen fünf intensive Gesprächsrunden waren und setzte sich einfach dazu. Das hat mir natürlich sehr gut gefallen. Dann gab es in der Anfangszeit, gleich zum Start, viele symbolische Handlungen, die genau derselben Art entsprachen. Eine der unterhaltsamsten Geschichten war, dass er einen Schweizer Gardisten in den vatikanischen Gemächern stehen sah und dann ging er vorbei und schüttelte den Kopf. Dann fiel ihm etwas ein und ging wieder zurück, weil er einen Stuhl gesehen hatte, nahm den Stuhl, stellte ihn dem Gardisten da hin und sagte „Damit er wenigstens zwischendurch sitzen kann", lauter solche Sachen sind passiert. Aber die Hoffnung, die damit verbunden war, hat sich doch weitgehend aufgelöst.

Religion hatte einen großen Einfluss auf politische Entscheidungen. Sie schuf ein starkes Narrativ für Zusammengehörigkeit aber auch Abgrenzung.

KULTUR UND RELIGION

Mit dem Blick nach vorne was sind die Themen, die uns bewegen werden?
Ich glaube, dass Nachhaltigkeit das große Thema wird und bin aber der Meinung, dass man dabei eine Erweiterung der Nachhaltigkeitsbegriffs braucht. Das 3-Säulenmodel Ökologie, Ökonomie und Soziales reicht nach meinem Verständnis unter zwei Gesichtspunkten nicht aus. Einen Gesichtspunkt nenne ich „Kultur und Religion" und den Zweiten nenne ich „nachhaltige Politik".

Warum fehlt das?
Es wird uns nichts nützen, wenn wir die Verschmutzung vermindert haben, aber politisches Chaos herrscht und es wird uns nichts nützen, wenn wir einigermaßen auskömmliche Arbeitsverhältnisse und Sozialversicherungen haben, aber die Menschen überhaupt nicht wissen, was den Inhalt ihres Lebens ausmacht. Und ich glaube der Mensch kann ohne Kultur und ohne ein Bewusstsein für die Unterscheidung zwischen Gott und Mensch nicht existieren.

NACHHALTIGE POLITIK

"Hier stehe ich und kann nicht anders." Martin Luther 1521 in Worms.

REFORMATION

Die Reformation war eine Bewegung in Europa während des 16. Jahrhunderts, die sich gegen die römisch-katholische Kirche und deren Praktiken wandte. Ausgehend von der Kritik an dem damaligen Ablasshandel und anderen kirchlichen Missständen, leitete Martin Luther als führender Reformer die Bewegung ein und spaltete die Kirche. Die Reformation führte zur Gründung von protestantischen Kirchen in Deutschland, Skandinavien und anderen europäischen Ländern. Die Folgen der Reformation waren weitreichend und prägen auch heute noch die Gesellschaft in Europa. Unter anderem führte die Reformation zu einer Erneuerung des christlichen Glaubens und förderte die Entwicklung neuer religiöser Ideen und Denominationen. Die Bewegung verstärkte auch die Trennung von Kirche und Staat und wirkte damit auf die Entstehung moderner Staatsformen ein. Die Reformation hatte ebenso Auswirkungen auf die Bildung und Kultur, von der Verbreitung der Bibel in der Landessprache bis hin zur Verbesserung der Bildungschancen für Protestanten. Die Auswirkungen der Reformation sind bis heute spürbar und haben das politische, gesellschaftliche und kulturelle Leben Europas verändert. Die Reformation hat eine Vielfalt von Protestanten geschaffen, darunter Lutheraner, Calvinisten und Anglikaner, die in weiten Teilen der Welt verbreitet sind. Die Spaltung der Kirche hat auch das Verhältnis zwischen Protestanten und Katholiken beeinflusst, was sich teilweise bis heute in Spannungen und Konflikten manifestiert. Insgesamt hat die Reformation die Kultur und die Geschichte Europas nachhaltig geprägt.

Abschließende stellen wir uns einmal eine ambitionierte Leiterin eines großen Unternehmens vor, Zehntausende Mitarbeiter international. Wenn sie das Unternehmen in die nächste Stufe entwickeln will, weil sie merkt, so wie es aktuell läuft, kann es nicht weitergehen. Was kann sie von Luther lernen?

Also einerseits ist Luther natürlich eine Ermutigung dazu, Neues zu wagen, wenn man merkt, dass das Alte in die Irre führt. Das ist, glaube ich, der eine große Punkt. Dass es da nicht immer harmlos zugeht, muss man auch wissen. Aber, dass große Veränderungen wirklich nur dort zustande gekommen sind, wo Menschen das erstens rechtzeitig gemerkt haben und zweitens auch persönlich dazu bereit waren, etwas zu riskieren und dabei nicht nur an den eigenen Vorteil zu denken. Sondern eine Vision davon zu haben, wo es hingehen soll und für diese Vision bereit sind, etwas zu riskieren. Es braucht nicht gleich so viel sein wie bei Luther, aber dass es bei großen Veränderungen in einer verantwortlichen Position nicht ohne Risiko geht, muss man wissen, glaube ich. Aber zu sagen: „Ich mach es mal so wie es ist, ich weiß zwar, dass es falsch ist, aber ich will damit noch meinen Ruhestand erreichen, dann sollen die Nächsten sehen, wie es geht", das ist die falsche Entscheidung. Anspruch an sich selbst und die Sache ist wichtig. Hat uns Luther auch etwas für das Arbeiten mit den Kolleg*innen mitgegeben? Da möchte ich unser Gespräch zum Thema Beruf nochmal aufnehmen. Luther geht es darum, dass man nicht nur sich selbst, sondern auch anderen viel zutraut. Das führt dazu, die Achtung vor anderen genauso wichtig zu nehmen, wie vor sich selbst. Und dabei gleichzeitig zu wissen, dass man allein nicht „The King of the Universe" ist. Bei allen Erfolgen, die ich habe, braucht es Demut, wenn es gut weitergehen soll.

Es wird uns nichts nützen, wenn wir die Verschmutzung vermindert haben, aber politisches Chaos herrscht.

Den Status Quo gründlich analysieren. Schlussfolgerungen treffen und dann zu den eigenen Entscheidungen stehen.

Wittenberg 1517
1512
1505
1488–1505
Eisleben 1483
1520 Wittenberg
PÄPSTLICHE BANN-ANDROHUNGS-BULLE
1521 Worms
Wartburg
BIBLIA
Vulgata
1521–1522
M. LUTHER
ANTIJUDAISTISCHE SCHRIFTEN: „VON DEN JUDEN UND IREN LÜGEN“ (1543) u.A.
PREDIGTEN ZUR BEFÜRWORTUNG DER TÖTUNG VON HEXEN UND ANHÄNGERN DER TÄUFERBEWEGUNG
HEERPREDIGT WIDER DIE TÜRKEN
RÖM 1,17
EINZIGER ZUGANG ZU GOTT – „EXTRA ECCLESIAM NULLA SALUS“
KEIN ZUTRITT FÜR: • KETZER • UNGLÄUBIGE • EHEBRECHER • HEIDEN • EXKOMMUNIZIERTE
!
BAUERNKRIEG 1524 – 1526
SCHRIFT: „WIDER DIE MÖRDERISCHEN ROTTEN DER BAUERN“
M. LUTHER ca. 1540
M. LUTHER ca. 1520
DAS NEUE TESTAMENT ÜBERSETZET VON MARTIN LUTHER
UI! ENDLICH KANN MAN DIES BUCH VERSTEHEN.
LUTHER BIBEL 1534
„HIER STEHE ICH UND KANN NICHT ANDERS …
GOTT HELFE MIR, AMEN.“
„AN DEN CHRISTLICHEN ADEL DEUTSCHER NATION“ 1523
„VON DER BABYLONISCHEN GEFANGENSCHAFT DER KIRCHE“
„VON DER FREIHEIT DES CHRISTENMENSCHEN“ 1520
1523
„WENN ZWEI IN DEINEM NAMEN VEREINIGT SIND…“
CONFESSIO AUGUSTANA 1530
PHILIPP MELANCHTHON, ULRICH ZWINGLI, JOHANNES CALVIN
KONZIL VON TRIENT 1545 – 1563
1546
BOOK OF COMMON PRAYER
THOMAS CRANMER
WEG DER REFORMATION

2017: FÜNFHUNDERT JAHRE REFORMATION
1525
2003: ERSTER ÖKUMENISCHER KIRCHENTAG
GOTT
SINN
FRIEDE
ÖKUMENE*
*) DIE GANZE WELT
ACK
AGCK
2. VATIKANISCHES KONZIL 1962
1. PASTORIN: HASELOFF 1958
1. OSTERMARSCH 1960
1949: DEUTSCH-EVANGELISCHER KIRCHENTAG
1989/90: MAUERFALL UND WIEDERVEREINIGUNG
WIR SIND DAS VOLK!
2. WELTKRIEG 1939–45
EVANGELISCHE KIRCHE
SAKRAMENT
I. TAUFE II. ABENDMAHL
MAX WEBER: „DIE PROTESTANTISCHE ETHIK UND DER GEIST DES KAPITALISMUS"
1939
1933
1920
1922 EVANGELISCHER KIRCHENBUND
DIETRICH BONHOEFFER † 1945
DEUTSCHE CHRISTEN 1932
WEIMARER REPUBLIK 1918
1914–18: 1. WELTKRIEG
... SOLCHES TUT ZU MEINEM GEDÄCHTNIS ...
KARL BARTH
1871
1900
NATIONALVERSAMMLUNG IN DER PAULSKIRCHE 1848
BUND FREIER EVANGELISCHER GEMEINDEN 1874
JOHANN HINRICH WICHERN
THEODOR FLIEDNER
1849 INNERE MISSION
FRIEDRICH WILHELM IV
TOLERANZEDIKT 1847
BILDUNGSANSTALT FÜR EVANGELISCHE PFLEGERINNEN 1836
HOKUS POKUS ???
ELBE
1. DEUTSCHE BABTISTENGEMEINDE 1834
1817
UNIERTE EVANGELISCHE KIRCHE IN PREUSSEN
RUSSLAND
1799
ELBA
1800
HEILIGE ALLIANZ 1815
1789
Amulette
Ablass-Briefe
Kirchen-Ämter
Heiligen-Bilder
SOLUS CHRISTUS!
SOLA GRATIA!
1776
WICHTIGE THEOLOGISCHE ERKENNTNISSE VON SCHLEIERMACHER UND ZINZENDORF
1760
1768
ERDBEBEN VON LISSABON 1755
USA
LESSING 1779
WAS IST DER MENSCH, WAS KANN ICH WISSEN, WAS SOLL ICH TUN?
GOETHE: FAUST
J.S. BACH MATTHÄUS-PASSION
CANSTEINSCHE BIBELANSTALT
KANT 1724
AUFHEBUNG DES EDIKTS VON NANTES DURCH LUDWIG XIV 1685
1700
WESTFÄLISCHER FRIEDE 1648
WENN DAS GELD IM KASTEN KLINGT, DIE SEELE AUS DEM FEUER SPRINGT...
WAHRER GLAUBE!
„CUIUS REGIO EIUS RELIGIO" AUGSBURG 1555
KATHOLISCHE LIGA 1609
CALVINISTEN
LUTHERANER
ZWINGLIANER
PRESBYTERIANER
AUGUST HERMANN FRANCKE UND DIE PROTESTANTISCHE BILDUNGSOFFENSIVE 1695–1727
HEINRICH SCHÜTZ
HEINRICH IV
30 JÄHRIGER KRIEG
1600
EDIKT VON NANTES 1598
HUGENOTTEN
PROTESTANTISCHE UNION 1608
PRAGER FENSTERSTURZ 1618
CA. 1660
PHILIPP JACOB SPENER UND DER PIETISMUS
ROBERT WRESCHNIOK SCRIPSIT JAN REISER PINXIT
NEUE WELT
MAYFLOWER
1620
ELISABETH I
1558

Wie es gelingen kann in kürzester Zeit ein Unternehmen auf völlig neue Herausforderungen auszurichten.

Neuer Kurs auf stürmischer See

Andreas Hähndel hat gemeinsam mit einem neu formierten Vorstandsteam die Führung im Prüfungsverband deutscher Banken e.V. übernommen und in kurzer Zeit nicht nur das Ruder herumgerissen und den Verband auf neuen Kurs gebracht, sondern bei voller Fahrt den über die Zeit sehr komplexen und trägen Tanker in ein modernes, agiles Forschungsschiff verwandelt. Eines, das die Risiken für die deutschen Privatbanken und deren Anleger dem Zeitgeist entsprechend überwacht und prüft. Denn, der Prüfungsverband deutscher Banken e.V. ist ein unverzichtbarer Bestandteil des Einlagensicherungssystems des privaten Bankgewerbes. Andreas Hähndel und seine Mannschafft leisten täglich einen bedeutsamen Beitrag für den Erhalt der Stabilität und die Stärkung der Wettbewerbsfähigkeit der privaten Banken.

Robert Wreschniok: Als Du im Mai 2022 angetreten bist, in welcher Verfassung hast Du den PV vorgefunden?
Andreas Hähndel: Um es bildlich auszudrücken: Es ging darum, in stürmischer See einen neuen Kurs zu setzen. Einen Kurs der fortlaufenden Erneuerung, Modernisierung und Ausrichtung auf Best Practices am Markt. Alle Bereiche, die gesamte Organisation waren davon betroffen. Und uns in der Führungsmannschaft war klar: Das Problem war sehr komplex und ließ sich nicht so leicht bewältigen. Es bedurfte großer Anstrengungen. Zwei Dinge standen gleich zu Beginn im Mittelpunkt: Zum einen die Identifikation der To-dos, die auf den Weg gebracht werden müssen. Zum anderen, das Commitment der Belegschaft zu gewinnen. Beides ist gleichermaßen anspruchsvoll, beides muss gleichermaßen gesteuert werden.

Bei voller Fahrt einen komplexen, trägen Tanker in ein agiles Forschungsschiff verwandeln.

ANDREAS HÄHNDEL

Vorsitzer des Vorstands,
Prüfungsverband deutscher Banken e.V.

Du hast an allen Ebenen angesetzt: Mitarbeiter, Prozesse, Methoden, Daten. Eine klassische Turnaround-Situation, in der das Unternehmen wieder auf Kurs gebracht werden muss?
Genau. Im Kern steht die Erneuerung des Risikomanagement-Prozesses. Das hat Auswirkungen auf alle Bereiche. Es ist schließlich eine recht deutliche Kurskorrektur der Arbeitsmethoden, der Kultur, der Führung und Zusammenarbeit sowie in der Art, wie wir Risiken im Markt erkennen, bewerten und klar kommunizieren. Es muss ein wichtiger Wandel stattfinden, der ja nicht von heute auf morgen zu erreichen ist. Daran muss man kontinuierlich arbeiten und ihn sorgfältig nachhalten.

Was sind aus Deiner Sicht die Hauptmerkmale, die eine Turnaround-Situation von einer klassischen Unternehmens- und Wachstumsstrategie unterscheiden?
Ein großer Unterschied ist die Tiefe der Kulturveränderung in den Köpfen. Und aus der Wahrnehmung der Management- oder CEO-Perspektive ist es ein besonderer Erfolg, wenn man sieht, dass dort die Mechanismen greifen, man dort eine Stufe vorankommt und man eine sehr sichtbare Bewegung in der Organisation verankert und vollzogen hat. Das finde ich bedeutsamer als die nächste Vertriebsoffensive in einem funktionierenden Unternehmen, in dem man kleine Dinge adjustiert. Das kostet auch viel Kraft und ist genauso wichtig, aber hier ist der Fortschritt schnell und einfacher sichtbar. Wenn es denn dann greift.

Zur Person

Andreas Hähndel hat seit 2022 den Vorsitz des Vorstandes des Prüfungsverbandes deutscher Banken inne. Hier steht er den Bereichen Risikocontrolling, Modelle & Methoden sowie den Stabsbereichen Strategie & Projekte, Innenrevision und Personal vor. Nach dem Studium zum Bankfachwirt und zum Diplom-Bankbetriebswirt an der Bankakademie Frankfurt und verschiedenen beruflichen Stationen bei der Deutschen Bank AG wechselte Andreas Hähndel zur Norddeutschen Landesbank in Hannover, wo er später auch die Leitung der Konzernrevision übernahm. Daran schloss sich eine zweijährige Tätigkeit bei der Bremer Landesbank als stellvertretender Vorstandsvorsitzender und Risikovorstand an. Im Zuge der Übernahme der Bremer Landesbank durch die Nord LB kehrte Andreas Hähndel dorthin zurück, wo er u.a. die Führung des Restrukturierungsprojektes NORD LB 2024 übernahm.

Neue Governance Strukturen einführen und bei voller Fahrt die Risiken nicht aus dem Blick verlieren. Das Vorstands-Team war sich sicher: Das funktioniert nur, wenn wir eine klare Richtung vorgeben.

Neuer Kurs, neues Denken beginnt immer von oben. Wie würdest Du die Rolle des Vorstands-Teams einschätzen?
Wir sind in der Ausrichtung der neuen Zielrichtung eng abgestimmt, das geht auch sonst nicht anders. Natürlich haben wir auch Themen, die wir kontrovers diskutieren. Wir sind ja schließlich alle sehr unterschiedliche Menschen. Aber der Weg ist klar und das kommunizieren wir alle konsistent. Das hilft dann, die Organisation dahinter zu bringen und ich glaube, es geht auch nur so. Wenn sich der Vorstand in dieser elementaren Frage, in welche Richtung es geht und wie das Zielbild ist, nicht einig ist, dann funktioniert es natürlich nicht. Weil dann alle im Prozess der Kulturveränderung die Exits finden, die ihnen das Leben dann auch ein bisschen angenehmer gestalten.

Wenn Du auf die vergangenen anderthalb Jahre zurückblickst: Was lief gut und warum? Wo hingegen gab es massive Widerstände und an welchen Punkten lag es?
Die Einschwörung auf eine solches Umstrukturierungsprojekt ist natürlich sehr mühsam. Es sind dann viele Menschen dabei, die lange in den alten Strukturen gearbeitet haben. Es ist schwierig, diese Strukturen aufzubrechen. Man muss es gemeinsam mit Personen angehen, die von außen kommen, die in die neue Richtung denken, die andere Dinge sehen. Sie haben erlebt, dass ein gewisser Wandel in diese Richtung elementar ist, auch für die eigene Karriere und die eigene Fortentwicklung. Beides muss sich einmal durchmischen. Das dauert ein bisschen und zeigt, dass es anspruchsvoll und einmalig in der Situation war.

DER EINZIGE WEG

Du hast immer wieder Anlässe geschaffen, um möglichst viele Mitarbeitende zu beteiligen. Noch heute ist mir ein sogenannter Summer Offside besonders in Erinnerung geblieben. Dort wurde unter anderem kollektiv überlegt: „Woran würden wir erkennen, dass wir erfolgreich sind?" Warum ist Dir gerade diese breite Beteiligung so wichtig?
Es ist der einzige Weg. Wir haben eine Belegschaft angetroffen, die zutiefst verunsichert war und die lange mit der Frage alleingelassen worden ist: „Wo geht es hin und wie bin ich selbst in dem Projekt betroffen?" Die Gefahr, dass wir zu viele verlieren und wir die operativen Aufgaben gar nicht mehr gestalten können, war eminent und übergroß. Wir haben ja auch viele Abgänge gehabt. Längst nicht alle waren bereit, den neuen Kurs mitzumachen. Viele haben das Unternehmen verlassen. So eine Fluktuation birgt auch erhebliche operationelle Risiken.

Darum mussten wir sehr stark kommunizieren, immer wieder neue Formate anbieten, Wissenslücken füllen und Wissensbedarf befriedigen. Das ist elementar für den Pfad, den wir jetzt beschreiten. Bisher hat es gut geklappt, die Menschen mitzunehmen: Was gilt es zu bewahren? Was wollen wir aber auch hinter uns lassen? Und langsam spürt man, dass sich das Gefüge zusammenfindet. Die Anzahl derer, die diese Themen – auch die unbequemen Themen – und die Entwicklung neuer Methoden aktiv anpackt, wächst. Es wird seltener infrage gestellt, ob wir es machen müssen und warum wir es tun. Im Vordergrund steht der Wille, Dinge an Best-Practice-Standards auszurichten.

Was gilt es zu bewahren? Und was wollen wir hinter uns lassen?

Neuer Leitsatz 2022

Gemeinsam sichern wir Zukunft.

Bedeutung 1
Wir sichern die Zukunft der eigenen Mitarbeitenden.

Bedeutung 2
Wir sichern die Zukunft des PV als Verband.

Bedeutung 3
Wir sichern die Zukunft der Einleger in Deutschland.

Ein neuer von euch etablierter Leitsatz beantwortet die Frage nach dem „Warum“ und wurde trotzdem lang und kontrovers diskutiert. Wie erklärst Du Dir das?
Der Leitsatz „Gemeinsam sichern wir Zukunft." hat den alten Grundideen ja nur ein neues Gesicht gegeben. Die Mitarbeitenden haben sich immer in einem Unternehmen befunden, in dem sie verstanden haben: Wir arbeiten hier, um dem Einleger ein sicheres Umfeld zu geben und Banken zu helfen, einen unsicheren Pfad schneller zu verlassen. Ich glaube, für die Mitarbeitenden war gar nicht so ein großes neues Element dabei. Darum hat es auch lange gedauert zu verstehen, was wir dieses Mal mit „Gemeinsam sichern wir Zukunft." meinen. Denn dahinter steht der tiefgreifende Wandel, den man auch nicht auf einer Folie erklären kann. Es muss eine kulturelle Veränderung stattfinden, damit die Prozesse und Methoden auch im operativen Ablauf funktionieren.

Ihr habt Euer neues Zielbild ja auch in einem Big Picture festgehalten. In der Mitte sieht man das Schiff PV Zukunft, das neu auf Kurs gebracht wird.
Genau, und nicht nur der neue Kurs, sondern auch das Ziel ist visualisiert. Übrigens sind diese Szenen, die der Leuchtturm auf der Strategiekarte in den Himmel wirft, gemeinsam mit über 140 Kolleg*innen auf dem ersten PV-Sommerfest entstanden. Auf diesem Big Picture wird die gesamte Geschichte der Veränderung erzählt. Und eines ist mir da besonders wichtig: Kein Schiff fährt von alleine. All das funktioniert nur mit der Mannschaft an Bord.

Umbau, Kurskorrektur, Einführung neuer Methoden und Prozesse hin oder her. Der Prüfungsdienst musste auch in dieser Phase liefern.

TRANSPARENZ SCHAFFT KLARHEIT

Durch das Zukunftsbild war der neue Kurs des PV nicht mehr versteckt in Power Points, sondern als Präsenzwissen für die ganze Organisation zugänglich. Diese Transparenz kam aber nicht immer gut an. War es der richtige Schritt?
Aus meiner Sicht war es der richtige Schritt, darum habe ich ihn ja auch gewählt. Als ich angetreten bin, habe ich immer gesagt, ich werde in meiner Arbeit den Mitarbeitern und den Stakeholdern gegenüber immer für Transparenz und Offenheit stehen. Das schürt Erwartungen: „Fantastisch, jetzt bekomme ich alles transparent, was ich brauche, und man erzählt mir, was ich hören möchte.“ Transparenz kann nicht nur positiv sein. Transparenz tut auch manchmal weh, denn sie zieht rote Linien, erklärt, wo es hingeht. Transparenz schafft Klarheit in der Frage „Was werden wir tun? Was werden wir nicht tun?“ Da sind durchaus Antworten dabei, die das Ziel bedienen, Transparenz zu schaffen, aber natürlich nicht jeden Wunsch erfüllen, der vielleicht in der Belegschaft und bei den Betroffenen dahinter steht. Und dann gilt es, den richtigen Weg mit den Menschen zu finden, gemeinsam die Zukunft zu entwickeln und möglichst wenig dabei zu verlieren. Aber nochmal: Transparenz kann auch wehtun.

Die PV Zukunft neu auf Kurs gebracht.

Die vier Szenen sind auf einem Sommer-Offside des PV entstanden. Gemeinsam hat die Organisation Antworten auf die Frage gefunden: Woran wird man den künftigen Erfolg erleben?

Ihr habt im ersten Jahr wahnsinnig viel geschafft. Fünf Initiativen sind parallel gestartet und bis heute vollständig „in time“. Wie lautet Dein Zwischenfazit seit Deinem Antritt vor einem Jahr?
Mit dem Projekt sind wir hochzufrieden. In der Doppelbelastung und in der angespannten Personalsituation, die wir hatten, ist das vermeintlich Unmögliche gelungen: Unsere gesamte Kommunikation hat dazu geführt, dass wir alle sehr fokussiert an diesem Projekt gearbeitet haben. Bislang haben wir das abgeliefert, was schwer zu erwarten war. *In time and budget* nach einem Jahr ist sehr schwierig, hat aber hier funktioniert. Dank eines kollektiven Kraftaktes der gesamten Mannschaft an Bord.

Wir haben eben von dem Transparenzgedanken gesprochen. Ich möchte gerne noch ein zweites Element benennen: Verlässlichkeit. Wir schaffen Transparenz, wo es hingeht, wir sprechen mit den Mitarbeitenden sehr offen über unsere Ziele. Wir geben sehr viel mehr Informationen an die Hand, als es in der Vergangenheit der Fall war. Wir versuchen über die transparente Gestaltung von „Wo wollen wir hin?“ hinaus dann auch noch verlässliche Zusagen mitzugeben, wenn es darum geht, Entscheidungen zu treffen, Richtungswechsel vorzugeben und sprunghafte Iteration zu vermeiden. Das bedeutet nicht, dass wir auch mal eine falsche Entscheidung korrigieren. Wir geben einen Orientierungsrahmen. Und wir achten darauf, Entscheidungen – so weit es irgendwie geht – verlässlich durchzuhalten. Damit meine ich, den orientierten Rahmen, wo wir hinwollen, vorzugeben und nicht durch sprunghafte Vor- und Zurück-Entscheidungen zu verunsichern.

Jedes Big Picture stellt ...

... die klassische Strategiekommunikation vom Kopf auf die Füße. Es gilt nicht mehr Kernbotschaften in einer PowerPoint auswendig zu lernen, sondern alle erfahren und diskutieren die Strategie entlang einer visuell erzählten Geschichte. Eine Geschichte, die zum einem sicherstellt, dass es immer um die gleichen verabschiedeten Schlüsselszenen geht, aber jede Szene in den Worten der Zielgruppe erzählt werden kann. Vom Vorstand, der mit seinen Direct Reports spricht bis zum Teamleiter, der die Rolle und den Beitrag seines Teams mit Blick auf die Strategie klärt.

Kontextualisieren stimmt Menschen auf einen Kurs ein.

VERLÄSSLICHKEIT

Orientierungsrahmen ist ein schönes Stichwort. Warum braucht es ein Verständnis des großen Ganzen, damit die Leute auch wirklich mitziehen können?
Ich glaube, es ist elementar. Es ist eines der wichtigsten Dinge, die am Anfang stehen, wenn Mitarbeiter nicht verstehen, wohin die Reise gehen soll, wenn sie nicht verstehen, warum wir dieses oder jenes Ziel einschlagen und wo am Ende der Mehrwert für die Organisation und den Einzelnen ist. Wie sollen sie sich dann engagiert und zielgerichtet einbringen können? Gerade in der Anfangsphase, als dieses Verständnis noch nicht so ausgeprägt war, hatten viele vor allem Hürden und Umsetzungsbarrieren im Kopf. Deshalb versuchen wir so kontinuierlich und durchgängig wie möglich Kontext herzustellen. Das sagt sich immer so leicht, ist aber unglaublich vielschichtig und herausfordernd. Transparenz so zu schaffen, dass jeder zufrieden ist, ist praktisch unmöglich. Was wir stattdessen anbieten: Durchgängig Aufgaben in die Organisation zu geben, die mit unserem kommunizierten Zielbild in einem klaren Zusammenhang stehen. Es muss nachvollziehbar bleiben, wie diese oder jene Aufgabe auf das große Zielbild einzahlt. Bedeutet das, die Aufgabe ist deshalb weniger anspruchsvoll oder angenehmer? Nein. Aber die Notwendigkeit ist klarer. Den meisten Menschen fällt es schwer sich für Ziele zu begeistern, die sie nicht verstehen. Dieses Verständnis zu schärfen, dass ist uns, glaube ich, recht ordentlich gelungen.

Die Zukunfskarte des PV verfolgte auch den Zweck, die Zusammenhänge zwischen den Teilprojekten zu verdeutlichen.

Euer Hauptsitz ist in Köln. Die obligatorische Karnevalsfeier darf da nicht fehlen und einige Kolleg*innen kamen auf die Idee, sich vom Big Picture inspirieren zu lassen?

Diese Karte, die wir geschaffen haben, hat ja einen Zweck erfüllen sollen. Wir wollten möglichst viele mitnehmen und einbinden. Wir wollten immer wieder über das Big Picture reden, immer wieder klarmachen, dass jeder Einzelne sich irgendwo auf der Karte wiederfindet, auch wenn er selbst nicht gezeichnet worden ist. Wir haben viele Elemente angeboten, um mit der Karte zu spielen. Um Inhalte zu leben, die Inhalte zu diskutieren und weiterzuentwickeln. Auch in einer zwangloseren Atmosphäre wie einer Karnevalsfeier überträgt sich das dann. Man merkt, unsere Zukunftskarte beschäftigt die Leute. Es ist gelungen, das in den Köpfen zu verankern. Wir konnten erreichen, dass jeder Einzelne über das Zielbild nachdenkt, sich jeder damit beschäftigt. Dann kommt das in dem Karnevals-Kontext auch zurück. Im Grunde ist es eine sehr schöne Bestätigung, dass dieser Weg etwas Positives auslöst. Dass sich mehrere Kolleg*innen im Stil unseres Zukunftsschiffs verkleidet haben, hat ja überall ausschließlich positive Reaktionen hervorgerufen. Es ist ja nicht so, dass sich andere Teile der Belegschaft davon abgeschreckt gefühlt haben oder sich gefragt haben, was das soll. Im Gegenteil: Sie haben es sogar als bestes Kostüm gewählt. Insofern ist das eine schöne Reflexion auf das Big Picture, die Arbeit, die dahintersteht und die Ziele, die wir damit erreichen wollten.

Die Zukunftskarte des PV zeigt nicht nur eine schöne, heile Welt sondern auch die Herausforderungen, so wie sie sind. Weniger Marketing und mehr Klartext. Soviel Offenheit wurde auch kritisch gesehen.

Eine Führungskraft hat gesagt, er sei der größte Kritiker der Zukunftskarte. Denn anstatt auf uns zuzukommen, führen die Schiffe ja von uns weg. Wie schaffen wir es, dass sie die Richtung wechseln?

Über diese Bedenken war ich besonders zufrieden. Wie schaffen wir das? Genau solche Fragen wollte ich mit der Methode des Big Pictures provozieren. Wir haben die kritische Auseinandersetzung mit der Karte auch immer zugelassen. Ich erinnere mich, Du hast mir einmal gesagt, es sei völlig normal in Organisationen, dass Karten – gerade eine wie diese – polarisieren können. Man hat sofort Freunde und auch sofort Kritiker. Und wir haben uns immer aktiv mit den Kritikern auseinandergesetzt. Das hat auch geholfen.

Neben der neuen Strategie und dem Kulturwandel hast Du ja auch eine Führungsstruktur neu aufgebaut.
Wir haben eine komplett neue Führungsmannschaft etabliert. Das heißt, alle in der Führungsverantwortung sind neu. Wir haben die Struktur völlig neu geschaffen. Und nicht nur die: Wir haben auch den Strukturzuschnitt in den Bereichen der Organisation neu geschaffen. Aus meiner Sicht ist es jetzt extrem wichtig, den Führungskräften auch ihre Rolle klarzumachen. Und ihre Bedeutung in der Organisation: Es handelt sich hier um die erste Managementebene. Damit kommt auch eine besondere Verantwortung. Wir sind auch dabei, die Kompetenz- und Rollenmodelle zu schärfen und jedem Einzelnen mehr Verantwortung zu geben. Und das bedarf eines gewissen Zusammenhalts auf dieser Ebene. So wie wir versuchen, im Vorstand Zusammenhalt zu demonstrieren, versuchen wir jetzt zu erreichen, dass auch diese erste Managementebene sich als Austauschplattform zusammenfindet. Um sich, wie wir sagen, gegenseitig mit neuen Ideen zu befruchten, wie man sich weiterentwickelt und wie man modern bleibt. Mit einem idealerweise vereinheitlichten Verständnis, wo es hingeht, mit einem Commitment zur Strategie sowie einer einheitlichen Interpretation der Karte.

Wir haben viel Wert auf Führungsverantwortung und Entwicklung von Führungsprinzipien gelegt.

Mit diesem Wir-Gefühl soll diese Mannschaft in den Prüfungsverband zurückgehen und im gesamten Verbund dafür Sorge tragen, dass sich diese positive Stimmung und der positive Blick auf das Verständnis, wo es hingeht, auf die gesamte Organisation überträgt. Dafür war diese Führungskräftekonferenz ein ausgezeichnetes Medium. Wir haben viel Wert auf den Kontext von Führungsverantwortung und Entwicklung von Führungsprinzipien gelegt. Man hat gesehen, dass sich dieses neue Team sehr schön zusammenfindet. Alle sind offen dabei, haben ein ehrliches, ernsthaftes Interesse, die Themen so nach vorne zu bewegen, dass wir die Ziele erreichen. An der Art, wie man Führungskräfteprinzipien erarbeitet, diskutiert und in die Organisation trägt, haben wir gesehen, dass da sehr gut gemeintes, gut und richtig verstandenes Commitment am Werk ist. Wir sind sehr zuversichtlich aus der Runde gegangen, denn wir haben gesehen, dass die Rädchen dort greifen und die Führungsmannschaft beginnt, sich auch als solche zu verstehen. Sie hinterlässt mit ihrer Arbeit sehr schöne Fußspuren in der Organisation.

Auf dem zweitägigen Offside hast Du die Kolleginnen und Kollegen direkt zu Beginn gebeten zu diskutieren, wie sie selbst eigentlich geführt werden wollen. Warum sind Dir Führungsprinzipien überhaupt wichtig?

Wir haben hier eine sehr heterogene Führungsmannschaft. Einige sind zum ersten mal in der Führungsrolle und es sind sehr erfahrene Führungskolleginnen und -kollegen dabei. Überlassen wir es dem Zufall, wer nach welchem Führungsprinzip arbeitet, habe ich die Sorge, dass wir beginnen, die Dinge uneinheitlich zu machen. Dann fühlen sich Teile der Organisation vielleicht besser geführt, andere Teile hingegen fühlen sich vielleicht schlechter geführt. Das wollen wir vermeiden. Es war ein sehr schönes Erarbeiten. Denn auch wenn man die Frage andersherum stellt: „Wie wollt Ihr eigentlich geführt werden?", kommen am Ende Grundprinzipien zusammen, auf die alle recht gleich gucken. Alles aufs Papier zu bringen und auf vier, fünf plakative Aussagen zu kondensieren, die das gut beschreiben, ist ein sehr gesunder Prozess. Weil sich alle noch einmal damit befassen und sich in Erinnerung rufen „Was ist mir eigentlich zum Thema Führung wirklich wichtig? Was will ich im Kopf haben, wenn ich am Montag zu meiner Mannschaft zurückgehe und über die fünf Führungsprinzipien des Wochenendes sprechen will? Habe ich sie dann präsent vor Augen?" Dabei hat diese Übung sehr schön geholfen. Die Teilnehmer haben gute Prinzipien nach vorne gestellt und es war relativ einfach, das Verständnis zu harmonisieren und zu diesen fünf Leitsätzen zusammenzuschreiben. Insoweit ein sehr fruchtbares gemeinsames Arbeiten. Darauf aufbauend wollen wir Führungskompetenzen im Haus strukturiert weiterentwickeln und mit Schulungsmaßnahmen flankieren, die wir jetzt auch schon so aufsetzen.

Wie wollt Ihr eigentlich geführt werden?

ZENTRUM DER SCHLAGZEILEN

Abschließend… Die PV Zukunft segelt im Big Picture auf dem Meer der Risiken und aktuell durch das Auge des Orkans: Bankenpleiten in den USA, die Credit Suisse wird von der UBS übernommen. Die Medien, die Öffentlichkeit, ganz Deutschland … Das ist ja eine Riesenverantwortung.
Man steht tatsächlich im Zentrum dieses Sturms und befasst sich mit den Schlagzeilen und eben auch jenseits der Schlagzeilen mit weiteren Details, die vielleicht der Öffentlichkeit so nicht bekannt sind. Das ist aber für meine Begriffe eine wichtige Ausprägung der inhaltlichen Arbeit des Prüfungsverbands. Und eine wichtige Ausprägung, die mir zeigt, wenn wir Rekrutierungsgespräche führen: Die Arbeit des Verbands und die Rolle für die Sicherung der Einlagen im gesamten Einlagensicherungssystem ist eine Verantwortung, die man sehr gut erklären kann. Sie schafft Interesse und lässt die Menschen aufhorchen. Denn das ist wirklich etwas, das im Zentrum der Schlagzeilen stattfindet und wo man seinen Beitrag leisten, wo man direkt mitarbeiten und Themen miteinwickeln kann.

Und das ist ja das Schöne: Es ist eine sehr anspruchsvolle und facettenreiche Aufgabe, die ständig neue Herausforderungen bietet. Aber man hat im Moment immer noch den Freiraum, Dinge mit uns gemeinsam zu entwickeln, weil gerade viel in Bewegung ist. Außerdem versucht dieses Schiff im Moment noch den Kurs zu finden. Das machen wir mit den Kolleginnen und Kollegen gemeinsam. Jeder kann aktiv mitarbeiten. Für viele ist das ein Ansporn, in dieser vielleicht auch kleineren Organisation mitzuarbeiten, weil man hier viele Dinge auch direkter, in einer sehr intensiven Nähe zum Vorstand auf den Weg bringen kann. In großen Organisationen kann man das von den Rahmenbedingungen her etwas schwerer umsetzen.

Durch ein abgestimmtes Führungsverständnis und gemeinsam entwickelte Führungsprinzipien sollen Klippen umschifft werden.

Der PV ist ein kleine Organisation. Ein Team mit hochqualifizierten und spezialisierten Experten. Menschen aus großen renommierten Konzernen und Banken bewerben sich bei Euch. Was bewegt sie dazu?

Ich glaube, das ist zum einen die Art der Aufgabe. Die macht es natürlich interessant in einer kleinen Organisation, weil man am Puls wichtiger strategischer Themen für die Bankenlandschaft arbeiten kann. Ich glaube, es macht die kurzen Wege aus. Denn wir sind in der Lage, Dinge schnell zu entscheiden. Eine kleine Organisation wie wir es sind, ist flexibler und agiler im Entscheiden und Bewegen. Außerdem findet man ein Arbeitsumfeld, in dem wir versuchen, einen Rahmen zu schaffen, der auch zu dem Thema Work-Life-Balance eine Struktur schafft, die sich von anderen Unternehmen, die weiter im Fokus stehen und anderen Zwängen ausgesetzt sind, ein bisschen abgrenzt.

Am Puls wichtiger strategischer Themen für die Bankenlandschaft arbeiten.

Am Puls der Zeit und auf Augenhöhe mit den strategischen Herausforderungen im Bankensektor. Das Team des PV kennt die Untiefen der See der Risiken und ihre Bewohner.

TURNAROUND STRATEGIE

Im angelsächsischen Sprachgebrauch kennzeichnet der Turnaround die Veränderung von einem Status quo in eine gegenteilige Situation. Die von einer Krise betroffene Organisation soll durch bestimmte Maßnahmen aus der krisenhaften Situation herausgeführt werden. Ein Turnaround wird erforderlich, wenn der Erfolg unter ein akzeptables Niveau sinkt. Bei der Umsetzung einer solchen Strategie ist es wichtig, die Mitarbeiter in den Veränderungsprozess mit einzubeziehen und ihre Potenziale zu fördern. Dies kann durch klare Kommunikation, Entwicklung der Führungsmannschaft, angemessene Unterstützung und Motivation erfolgen. Es ist dabei wichtig, frühzeitig und transparent zu kommunizieren und sicherzustellen, dass alle Stakeholder über den Fortschritt im Turnaround-Prozess informiert werden.

Euch zeichnet außerdem eine großartige Themenvielfalt aus. Ihr habt eine große Prüfvielfalt von Objekten, die Euch vor die Flinte kommen.

Genau. Man hat bei uns die Möglichkeit, viele verschiedene Banken mit ihren Herausforderungen intensiv kennenzulernen – sei es durch die Begleitung im Risikomanagement im Unternehmen oder durch das Begleiten von Prüfungen, die vor Ort durchgeführt werden. Es ist eine einzigartige Aufgabe, die einen sehr tiefen Einblick gibt und aus der man viele Erkenntnisse, die für den Erfolg der Zukunft maßgeblich sind, ableiten kann. Das bekommt man kaum reproduziert in einer anderen Aufgabe. Jedenfalls nicht in dieser Intensität.

Prüfungsverband deutscher Banken e.V.

Gemeinsam sichern wir Zukunft.

IERT
EWS
BBC
2. MODERN
EIN ERFOLGREICHER RETTUNGSEINSATZ!
PV-BOT
DANK MODERNER TECHNIK IST ES FÜR DIE "ALSTER-BANK" NOCH EINMAL GUT AUSGEGANGEN.
PV BAYWATCH
3. GEMEINSAM
• PAPIERFLUT
• DOPPELARBEIT
• DIGITALISIERUNG
• AUTOMATISIERUNG
DIE ARBEITSATMOSPHÄRE HAT SICH KÜRZLICH SEHR ENTSPANNT, NICHT WAHR?
SCANNEN & BESTELLEN
4. VORAUSSCHAUEND
SOKO-BITCOIN
UE RISIKEN VORAUS!
BANK
RTNER
ZIELE LEUCHTTURM
Teilprojekt: Governance
KÄPT'N, ICH ... ÄH ... BRÄUCHTE NOCH EINE UNTERSCHRIFT.
PRÜFUNGSDIENST IST BEI BANK EINGETROFFEN.
15 MIN.
20 MIN.
DER PRÜFUNGSDIENST IST IN HOCHFORM.
SCHNELLER! DER PRÜFUNGSBERICHT MUSS DRINGEND ZUR BANK!
Teilprojekt: Prozesse
BERICHT
PRÜFUNGSBERICHT
Teilprojekt: Qualität
DER PRÜFUNGSBERICHT MUSS DRINGEND ZUR BANK!
ZUKUNFT
ALTER, DIE MÜSSEN MAL IHR LEBEN CHILLEN!
AHOI! SIE KÖNNEN IHREN DIGITALEN PRÜFUNGSBERICHT JETZT DIREKT ÜBER DIE PV-APP ABRUFEN.
HA! WER SAGT'S DENN: EINS A WASSERQUALITÄT!
GEMEINSAM
OHJE! DAS WASSER IST TOTAL VERSEUCHT!
PUH! DER GANZE ALTE DIESELMOTOR SOLL AUSGEBAUT WERDEN?
WIRD ERLEDIGT!
FINTECH START-UP
Teilprojekt: Daten
Teilprojekt: People & Culture
DATEN
CRYPTO-HAI
FINANZBLASE

Über das Privileg, mit einem Team ganz normaler Menschen Außergewöhnliches zu leisten.

Die Energiewende selbst in die Hand nehmen

Frank Meyer ist schon einige Male in seinem Leben zu Missionen aufgebrochen, deren erfolgreicher Ausgang von anderen als eher unwahrscheinlich eingeschätzt wurde. So hat er als Leiter Strategie daran gearbeitet einen Mobilfunkspezialisten zum führenden europäischen integrierten Anbieter zu machen, der Internet, Mobilfunk und Festnetz verbindet. Danach – nun bereits als Bereichsleiter im Geschäftskundenbereich – hat er seinen Beitrag geleistet eine Vertriebsorganisation, komplett neu auszurichten: Weg vom Produkt hin zu einem neuen Service-Fokus. In einem Energiekonzern hat er dann als Senior Vice President ein völlig neues Marktsegment etabliert: Mit der Idee des „Future Energy Home" hat er in nur vier Jahren den Umsatz profitabel von 25 Millionen auf 780 Millionen gesteigert. Seit einigen Jahren ist er wieder aufgebrochen zu einer neuen Mission: Lasst uns ein Energieunternehmen völlig neuen Typs entwickeln. Und für diese Reise hat er sich den italienischen Markt ausgesucht.

E.ON Italien ist eine kreative Truppe, die Dinge umsetzt. Vor allem Lösungen.

Robert Wreschniok: Lieber Frank, seit fast drei Jahren bist Du CEO bei E.ON Italien. Was hat Dich daran gereizt, diesen Schritt zu gehen?

Frank Meyer: Warum Italien? Italien ist für mich kulturell die Nummer Eins. Die Menschen sind sehr positiv. Mit ihnen kann man etwas bewegen. Außerdem ist E.ON Italien eine kreative Truppe, die Dinge umsetzt, nicht nur Probleme sieht, sondern vor allem Lösungen. Da habe ich viele Möglichkeiten gesehen, um unser Geschäft noch deutlich stärker nach oben zu bringen, zu wachsen, aber auch in der italienischen Gesellschaft neu zu positionieren. Vieles davon haben wir in den letzten Jahren bereits realisiert.

Du hast also die Chancen gesehen, einen echten Unterschied zu machen?
Ich wusste: Ich will etwas mit Menschen bewegen. Und ich will mit Menschen eine Bewegung kreieren. Mit dem Future Energy Home hatte ich bereits im kleineren Kreis die Chance dies über Länder hinweg zu tun und habe dabei unglaublich viel gelernt. Mein Wunsch wurde stärker: Ich möchte mehr Verantwortung für Menschen, für's Geschäft und für die Gesellschaft übernehmen. Genau das ist für mich die Rolle eines CEO im unternehmerischen Kontext: Du hast einerseits die vollumfängliche Verantwortung, andererseits großartige Chancen, mit Menschen Dinge nach vorne zu treiben. Und ich habe es nicht bereut: Meine Aufgabe macht mir großen Spaß, weil sie mich erfüllt.

DR. FRANK MEYER

CEO E.ON Italien

Kein Plan B: Es gibt nur einen Planeten, auf dem wir leben.

Zur Person

Frank Meyer (E.ON) ist CEO bei E.ON Italien und ehemaliger Senior Vice President B2C und E-Mobility Global und Chief Innovation Officer bei E.ON SE. Bevor er E.ON Italien leitete, war er weltweit verantwortlich für den Aufbau und die Beschleunigung von E.ONs Innovations- und Wachstumsbereiche wie PV und Speicher, E-Mobilität, Energiemanagement- und Wärmelösungen. Kürzlich wurde er in die Handelsblatt Top 100 Innovatoren Deutschlands gewählt. Vor E.ON war Dr. Meyer bei Kabel Deutschland als Bereichsleiter im Geschäftskundensegment und Leiter Strategie, New Business & Program Management tätig. Unter anderem war er als strategischer Leiter für die Kabel Deutschland-Akquisition verantwortlich (10,7 Mrd. € Akquisitionsvolumen). Den ersten Teil seiner Karriere verbrachte er von 2006 bis 2012 bei der Boston Consulting Group. Dr. Meyer hat am Max-Planck-Institut in Physik promoviert.

Du hattest damals das Bestreben einen Energy Provider der neuen Art zu entwickeln und eine moderne Art von Energieunternehmen zu schaffen. Hat sich das bewahrheitet? Wie sieht dieser neue Typ für Dich aus?
Auf jeden Fall! Für mich war diese Vision damals schon glasklar: der Lösungsanbieter für dezentrale Energiesysteme zu sein und zu zeigen, dass es funktioniert. In E.ON Italien habe ich echtes Potenzial gesehen, die Company in Europa für nachhaltige Lösungen und dezentrale Energiesysteme zu sein. Und heute kann ich sagen: Wir haben es geschafft. Es liegt zwar noch ein Stückchen vor uns, aber wir sind unglaublich weit gekommen, indem wir das Geschäftsmodell vollständig gedreht haben. Diese Transformation, hat uns nicht nur gerettet, sondern uns eine völlig neue Positionierung verschafft: „We make Italy green". Genau das ist unser Beitrag für die italienische Gesellschaft: Wir entwickeln Schlüssel-Expertise für ein dezentral organisiertes Energiesystem, das effizient, digital und nachhaltig arbeitet. So sind wir in der Lage Privathaushalte, Unternehmen, Städte und Gemeinden mit grünen Lösungen zu versorgen.

Als ein Team gemeinsam an der Welt von Morgen bauen.

Klingt ebenso herausfordernd wie komplex.
Ich glaube daran, dass man sich fokussieren muss. Man kann nicht in allem der Beste sein. Entscheidend ist, dass man in dem, was man tut, herausragend ist und das sind wir. Vor wenigen Jahren haben wir in Italien mit 10, 15 Leuten in einem „Garagen-Projekt" gestartet und überlegt, wie wir 500 Installationen hinbekommen – 300 haben wir damals geschafft. Heute sind wir bei 35.000. Das hatte niemand auch nur annähernd für möglich gehalten. Allein in den letzten zwei Jahren sind wir von ungefähr 11.000 Installationen pro Jahr auf 35.000 gewachsen. Wenn ich das mit dem Markt vergleiche, sind wir damit als Wachstumsführer mit sehr großem Abstand zum nächsten Wettbewerber vorne. So muss es weitergehen: Wenn wir die Energiewende für Italien und für Europa möglich machen wollen, müssen wir auf Größenordnungen von 100.000, 200.000 – in Europa 500.000 – Installationen kommen. Australien beispielsweise ist schon weiter: Dort haben sie 30 % ihrer Dächer mit solar rooftop bestückt. 30 %! In Deutschland oder Italien sind wir noch weit davon entfernt. Aber Australien hat uns gezeigt, dass es möglich ist. Und da wollen wir auch hin.

In Australien haben sie 30 % ihrer Dächer mit solar rooftop bestückt.

E.ON Italy legt einen Schwerpunkt auf die nachhaltige Transformation von Städten und Gemeinden.

UNIQUE SELLING POINT

Also einfach weiter so, nur mehr davon?
Nein. Im Gegenteil. Was ich gelernt habe, ist: Du musst Dich alle drei bis sechs Monate immer wieder neu erfinden. Denn die Prozesse, die wir gebaut haben, die Systeme, die wir entwickelt haben und die Ideen, die wir hatten, um auf 50.000 Installationen zu kommen, reichen nicht aus, um auf 100.000 zu kommen. Gerade das macht es interessant: Es geht darum, aus Fehlern zu lernen und Hürden zu erkennen, um Installation in hoher Qualität und Stückzahl zu ermöglichen und unsere Produkte skalierbar zu machen - wir können und müssen immer besser werden. Erst die Kombination aus Produkt, Service und Finanzdienstleistung macht uns zu einem echten Energielösungsanbieter des neuen Typs. Denn der Installateur, der uns bei der Installation Konkurrenz macht, kann in der Regel weder Finanzierungsservices noch digitale Services oder Strom und Gas anbieten. Die großen Anbieter im Markt haben zwar deutlich mehr Kunden in Strom und Gas, können aber keine Installationen im großen Stil. Insofern haben wir uns einen Unique Selling Point erarbeitet, an dem wir immer wieder schrauben und prüfen müssen, wie wir den nächsten Schritt nach vorne kommen.

Es braucht neue Ideen und Fähigkeiten, die richtigen Antworten auf die Herausforderungen unserer Zeit zu geben.

Wie schaffst Du es bei diesen ambitionierten Zielen nicht den Überblick zu verlieren?
Es hilft mir, einen klaren Plan zu haben und die genaue Vorstellung davon, wo ich hinwill; eine Art Zielbild, bei dem ich sage: „Das will ich beweisen, und deswegen probieren wir das jetzt aus". Dabei zerlegen wir den Plan in kleine Meilensteine und tätigen einen Schritt nach dem anderen. Oft liegt die Herausforderung dann darin, die Leute mitzunehmen und ihnen den Sinn jedes einzelnen Schritts zu vermitteln. Und natürlich ist das nichts, was in Stein gemeißelt ist, sondern der Plan erfordert über die Zeit stetige Anpassungen. Aber das funktioniert mit meinem Team in der Regel sehr gut. Deswegen sind wir auch schon gut vorangekommen.

Where focus goes energy flows.

Gemeinsam für eine gute Sache. Dafür kann man auch schon mal die Trommel schlagen.

Im Management-Team gab es damals freundliche Zustimmung, aber auch Skepsis. Wie bist Du dem begegnet?
Mich haut es immer wieder um, was Menschen gemeinsam schaffen können. Das bestärkt mich in meiner Devise „Make ordinary people do extraordinary things". Wir sind alle, auch ich, „ordinary people". Aber wir haben Riesenpotenziale, die entdeckt und genutzt werden wollen. Das erfordert vor allem positiven Zuspruch und den Raum, sich entfalten zu können. Klar gehören auch Disziplin, Commitment und Verantwortungsübernahme dazu. Aber eine Bewegung zu kreieren, in der Menschen Zugang zu ihren Potenzialen haben und über sich hinauswachsen können - das ist der Trick. Und so findet man immer einen Weg, wie man es gemeinsam schaffen kann. Das finde ich erfüllend und motivierend. Und auch bei den Mitarbeitenden spüre ich das. Ich glaube wir haben das geschafft, unter anderem durch die ein oder andere richtige Entscheidung auf Vorstandsebene, aber entscheidender war der Kontext: Menschen sind sich ihrer Potenziale bewusst geworden und konnten wachsen und wir haben den Fokus gesetzt, sodass wir gezielt an den Prioritäten arbeiten konnten, nach dem Motto: „Where focus goes energy flows".

Und diesen Fokus hast Du unter anderem mit einem Big Picture gesetzt?
Genau, unter Einbindung meines Management-Teams und aller Führungskräfte konnten wir diesen Kontext in einem Big Picture visualisieren. Dies ist der Rahmen, den wir für alle gesetzt haben. Und dann folgte Aktion. Nur durch Ausprobieren passieren Überraschungen. Das ist nicht immer einfach, weil man natürlich auch immer wieder Fehler macht und mutig sein muss. Aber irgendwo muss man anfangen und lernen.

Mit ganz normalen Menschen, außergewöhnliches erreichen. Das hat sich das Movement #makeitalygreen vorgenommen.

Dir ist Kontext sehr wichtig. Was sind die wichtigsten Elemente auf Eurem Zielbild?
Von oben links kommend sieht man die Driving Forces, also die Trends, die die Welt verändern, in der wir leben. In der Mitte siehst Du eine EXPO, eine Weltausstellung, als Sinnbild für den neuen Typ Energieunternehmen, den wir der Welt präsentieren wollen. Die Pavillons der EXPO formen das Wort „Clienti“, das bedeutet „Kunden“ auf italienisch, und leiten den Blick in Leserichtung zu unserer Vision „Make Italy Green“. Oben im Big Picture wird der Acker gepflügt und gepflegt, als Zeichen des strategischen Um- und Aufbaus. Aber auch der „River of Concerns“ zeigt, dass uns immer klar war und ist, dass wir „Zweifler“ überzeugen müssen, indem wir zeigen, was alles möglich ist. Und wir haben uns weiterentwickelt: Das erkennt man zum Beispiel in der Idee, dass Energy Communities das nächste große Vehikel für die Energiewende sind. Die gab es bei der Entstehung des Big Pictures tatsächlich noch gar nicht, aber für uns waren sie damals schon das „next big thing“, wo wir Frontrunner sein wollten und das jetzt auch schon beweisen. Und auch wenn wir über Energy Communities, als das Big Picture entstanden ist, noch gar nicht diskutiert haben: Auch diese Idee trägt zu dem gleichen Zielbild bei. Die Energiewende in Italien möglich machen: Make Italy green.

Ein Brücke Richtung Zukunft. Ist schon alles fertig? Natürlich nicht. Aber es muss auch nicht alles perfekt sein, um anzufangen.

Und wie hilft das Big Picture deinem Team konkret weiter?
Es vermittelt mehr Orientierung. Es ist ein super Vehikel, um alle auf der gleichen Seite zu haben. Und dabei ist der Prozess, der zur Entstehung des Big Pictures führt, als solcher mindestens so relevant wie das Ergebnis am Ende: gemeinsam einen Orientierungsrahmen für unsere Reise in die Zukunft schaffen. Und diese Reise – auch das sieht man schon von Anfang an auf dem Big Picture – wollen wir im Sinne einer Bewegung gestalten. Dafür brechen wir auch mit alten Regeln und suchen stattdessen bewusst nach neuen Wegen, um mit den vielen Mitarbeitenden einer großen Organisation in zwei Richtungen zu diskutieren. Von oben nach unten, aber eben und vorallem auch von unten nach oben. Ein Dialog. Das Big Picture dient dabei als wichtiges Tool. Außerdem arbeiten wir mit anderen digitalen Lösungen, um wirklich alle erreichen zu können. Denn, ich bin davon überzeugt, wenn wir unseren Leuten die richtigen Werkzeuge an die Hand geben, schaffen wir es, dass sie als „ordinary people" außergewöhnliche Dinge erreichen und sich frei entfalten können. Sie sollen erkennen, dass tatsächlich etwas passiert und an die Vision glauben. Nur so schaffen wir eine echte Bewegung.

Die Zeichen der Zeit erkennen und den politischen Rückenwind nutzen.

Warum liegt dieses Jahr der Fokus gerade auf diesen drei Themen: „growth leader", „green and sustainable" und „truely people centric"?
Darüber haben wir natürlich intensiv diskutiert. Vor zehn Jahren hätte ich vielleicht nicht gesagt, „people centric"-leadership muss zu den Top 3 Prioritäten werden. Heute glaube ich, das ist eigentlich die Kern-Priorität, um wirklich voranzukommen. Das Potenzial der Menschen ist unendlich groß, wenn man es richtig entfaltet. Und zu den beiden anderen Prioritäten: Wir wollen etwas Außergewöhnliches gestalten im Bereich der Nachhaltigkeit. Unsere Mission ist es ein „green movement" zu etablieren. Wir möchten etwas für die Gesellschaft beitragen und besser machen. Und dazu gehört auch die dritte Priorität „growth leader": Wachstum und solide Finanzen. Auch das ist wichtig. Aber das ist für mich mittlerweile fast ein „second order effect". Denn Wachstum kommt sowieso nachgelagert, wenn die Bewegung da ist. Und trotzdem: Das Wachstum muss kommerziell sehr solide gemacht werden. Wir beweisen, dass wir nicht nur etwas für die Gesellschaft leisten, sondern ein attraktives Business für Investoren sind. Und zwar nicht nur, weil der Purpose stimmt, sondern weil die Zahlen so unglaublich sind, dass sich eine Investition lohnt. Und das ist entscheidend – Wachstum ist wichtig, weil wir die Energiewende sonst nicht hinbekommen.

Das Potenzial der Menschen ist unendlich groß, wenn man es richtig entfaltet.

DEN MENSCHEN RELEVANZ GEBEN

Auf dem Big Picture geht es nicht nur um den wirtschaftlichen Erfolg, sondern auch um Anerkennung für das, was E.ON Italien als zentrale Kraft in der Energiewende leistet. Warum?

Als ich hier angefangen habe, gab es dieses Trauma: „Wir sind klein. Wir sind unwichtig. Uns braucht keiner." Emotional habe ich das schnell gespürt und versucht, das anzugehen. Den Menschen einen Purpose zu geben, heißt auch, ihnen eine Relevanz zu geben. Nächste Woche habe ich einen Termin mit dem Energieminister in Rom. Von „Who the f*** is E.ON in Italy?" haben wir uns zu einem Hauptansprechpartner in Sachen Energiewende entwickelt. Diese Relevanz haben wir für unsere Organisation gefunden indem wir klarer in unserer Positionierung geworden sind, dort dann stark gewachsen und die Nr. 1 geworden sind. Also – wie Du es auf der Karte siehst – unser Feld gefunden und bestellt haben.

Die 5G für eine bessere Zukunft.

Aber die Hürden und Hindernisse, sind nicht extern. Die sind immer bei uns.

Wirkt fast schon unheimlich prophetisch. Und welche Lehren hast Du auf diesem Weg gesammelt, die Dir bei dieser Aufgabe helfen?
Ich habe die Erfahrung gemacht, dass eine Sache extrem wichtig ist: Eine Kombination zu schaffen zwischen strategischem Blick und klarem Verständnis für neue Geschäftsfelder und Trends und gleichzeitig, mit genau so großer Kompetenz, die operative Umsetzungskompetenz. Das Zerlegen in Tages-, Wochen-, Monats-, Jahresschreiben, hinterhergehen, exekutieren, lernen, Fehler eingestehen, neu machen, umsetzen, zumachen, ändern. Ich habe gelernt, dass immer wenn ich diese Kombinationen zusammennehme, kommt etwas Größeres heraus. Eine zweite Sache, die ich in meinen Stationen gelernt habe und die jetzt auch für unseren Erfolg entscheidend ist, ist der „People"-Aspekt. Schwierig greifbar, aber eigentlich total logisch: Wenn ich in einer Organisation mit 1000 Menschen die operativen und kulturellen Strukturen schaffe, sodass jeder 10% mehr leisten kann, habe ich gewonnen. Das Schwierige hierbei: Man kann es oft nicht mit Kausalität und Wirkung zusammenbringen und es ist schwer messbar. Und das hat mich immer schon umgetrieben.

Jedes Big Picture bricht mit ...

... Seh-Gewohnheiten und wirkt disruptiv im Vergleich zu gelernten Strategievermittlungsmethoden. Denn es verfolgt konkrete Ziele: Es soll aufrütteln, Aufmerksamkeit erzeugen. Informieren. Dialog provozieren. Kurzum: Aktivieren. Oft werden wir gefragt, ob man auch im typischen Unternehmensstil anhand reduzierter Piktogramme ein Big Picture illustrieren kann. Man kann auch mit einer Säge ohne Zacken beginnen einen Baum zu fällen. Sehr viel mehr Energie mit sehr viel weniger Wirkung wären die Folge. Es wäre also im hohen Maße unwirtschaftlich. Mit einem Big Picture gewinnt man keinen Corporate Design Beauty Contest. Aber seine Mitarbeiter*innen.

Bürgermeister und Bürgermeisterinnen werden zu einer wichtigen Zielgruppe für den Fortschritt des Unternehmens.

Alles ganz einfach? Leider nein. Jede Menge Bedenken und Widerstände trennen die alte von der neuen Welt.

Studien geben Dir hierbei Recht: 80% der Gründe, warum Unternehmen die gesetzten Ziele nicht erreichen, liegt an sozialen Dynamiken in der Organisation selbst.

Ganz genau – interessanterweise liegt die Power intern. Extern müssen wir den Markt verstehen, schnell und flexibel agieren. Aber die Hürden und Hindernisse, die Limitationen, sind nicht extern. Die sind immer bei uns. Das ist einerseits eine sehr frustrierende Message. Auf der anderen Seite gibt sie mir unglaublich viel Kraft, weil ich es beeinflussen kann. Ich weiß, wenn ich die Limitation wegnehme, kann Unglaubliches entstehen – aus uns selbst heraus. Das gilt für Organisationen genauso wie für Individuen und die persönliche Zufriedenheit im Leben. Voraussetzung für den ganzheitlichen Erfolg ist, die richtigen Weichen zu stellen und dann einfach loszulegen. Es gibt Organisationen, die eine super Kultur haben, aber wenn sie strategisch das Falsche vorgeben, kommt hinten auch nicht das Richtige raus. Und umgekehrt genauso.

(RE) POSITONIERUNGS STRATEGIE

Die Positionierung im Marketing bezeichnet das gezielte, planmäßige Schaffen und Herausstellen von Stärken und Qualitäten, durch die sich eine Marke – ein Unternehmen, eine Organisation, ein Produkt oder eine Dienstleistung – in der Einschätzung der Zielgruppe klar und positiv von anderen Produkten oder Dienstleistungen unterscheidet. David Ogilvys Definition der Positionierung lautete kurz: „Was das Produkt leistet – und für wen." Dabei geht die Positionierung von der Abbildung des Meinungsbildes zu einem Meinungsgegenstand (z. B. Sach- oder Dienstleistung) in einem psychologischen Marktmodell aus. Diese Modelle zeichnen sich durch eine Kombination marketingtheoretischer, psychologischer und biologischer Erkenntnisse aus.

Jeden Tag ein Stückchen besser werden, statt alles auf einmal haben wollen.

Super spannend. Ich möchte nochmal auf den Punkt der Messbarkeit eingehen – habt Ihr einen Weg gefunden soziale Dynamiken bzw. kulturellen Erfolg zu messen?
Wir machen ein Mal im Jahr einen „Activation Pulse Check", der auf Forschungserkenntnissen der Universität Yale bezüglich „Sinnhaftigkeit in der Arbeit" basiert. Der Gedanke dahinter ist folgender: Menschen, die sich mit dem Ziel ihres Unternehmens identifizieren können – in unserem Fall „Make Italy green" – und merken, dass sie sich mit ihren Stärken einbringen können (Empowerment), die sehen, dass sie mit ihrer Arbeit einen Unterschied machen (Impact) und die dabei das Gefühl haben, sie arbeiten gut und gerne zusammen, im Team und über den Bereich hinaus, das sind genau die Kolleginnen und Kollegen, die uns am meisten voranbringen werden. Und genau so entsteht „Meaning at Work". Und dabei ist insbesondere der Aspekt „Impact" wichtig. Ein persönliches Beispiel: Bei BCG durfte ich in Projekten mit Professor Junus in Bangladesch zusammenarbeiten, der den Friedensnobelpreis für Micro Credits bekommen hat. Er hat ein Social Business, also ein nicht profitorientiertes Geschäftsmodell, in Bangladesch gebaut und ich habe ihn mit anderen dabei beraten, wie sie aufgestellt sein müssen, um wirtschaftlich stabil zu sein. Es war eine tolle Erfahrung, mit dieser inspirierenden Person an diesen gesellschaftlich wertvollen, sozialen Projekten zusammenzuarbeiten. Bei diesem Projekt war der Purpose sehr hoch.

Aber, ich sage es ganz offen, ich war auch manchmal frustriert. Denn es war nicht immer sichtbar, dass wir echten Impact generierten. Es ging teils auch langsam, bürokratisch, zäh voran im Kontext der verschiedenen Non-Profit-Organisationen. Das heißt: Wenn der Mitarbeiter nicht merkt, dass er einen klaren Beitrag leistet, reicht der Purpose nicht aus. Bei E.ON Italien haben wir deswegen beispielsweise den Leuten die Möglichkeit gegeben bei der Strategieentwicklung mitzuarbeiten. Ca. 200 Leute sind diesem Aufruf nachgegangen. Der Mitarbeiter sieht, dass er ernst genommen wird und erkennt seinen Impact in der Organisation. Für die Sinnhaftigkeit ist es außerdem wichtig, dass sich die Mitarbeiter als Teil von etwas Größerem, von einer Familie fühlen, die sie unterstützt, wenn sie Probleme haben, wo sie Hilfe bekommen und wo sie sich wohlfühlen – Community & Connectivity! Und diese drei Dinge (es sind noch viele mehr) muss man zusammenbringen. Weil Purpose allein Dich noch nirgendwohin bringt.

Und, Erfolge feiern, die man sich hart verdient hat. Als ein Team für eine grüne Zukunft in Italien.

e·on ITALY
Our Way to the Future
DRIVING FORCES
ENERGY TURNAROUND & GREEN RECOVERY
DIGITALIZATION, NEW TECHNOLOGIES & ELECTRIFICATION
SOCIODEMOGRAPHIC & GEOPOLITICAL TENSIONS
CHANGING CUSTOMER BEHAVIOR
AFFORDABLE AND CLEAN ENERGY
STATUS QUO
SOFTWARE UPDATE NEEDED!
FINDING SOFTWARE UPDATE!
THIS CAN'T BE DONE!
IT HAS BEEN DONE!
5G:
RIVER OF CONCERNS
IS THIS REALLY NECCESSARY?
HOW CAN WE AS E.ON ITALY, EVER HAVE AN IMPACT ON CLIMATE CHANGE?
NOBODY KNOWS US!
CUSTOMERS ARE NOT INTERRESTED IN SUSTAINABILITY!
WHY DO WE NEED TO CHANGE? WE ARE DOING GREAT.
GROWTH
CROSS SEGMENT
GROWTH
PLATFORMS
DYNAMIC AND RELIABLE
I DON'T NEED THIS! THIS IS TOO MUCH EFFORT.
1. RESISTANCE TO CHANGE
OKAY, BUT WHAT IS IN FOR ME?
2. EVALUATION OF BENEFITS
WOW!!! SO I'M GOING TO BE PART OF A SUSTAINABILITY-MOVEMENT AND KEEP OUR BEAUTIFUL ITALY ALIVE FOR GENERATIONS TO COME?!
SUSTAINABILITY
OFFERS IN THE LANGUAGE OF THE CUSTOMER
CUSTOMER
LEADER
INNOVATION DAYS: "WHAT WOULD I DO IF THIS WAS MY COMPANY?"
KEY CAPABILITIES TO BUILD THE FUTURE
INNOVATION
WE CULTURE
e·on
MANAGING THE NORMAL
ACHIEVIN
EXTRAORD
A. OUR SUCCESS STORY OF FEH
B. OUR NET CUSTOMER GROWTH
C. OUR GROWTH IN INDUSTRIAL SOLUTIONS
D. GREAT PLACE TO WORK
KEY ACHIEVEMENTS
CUSTOMER BASE
COMPETITION

WE EMPOWER EVERY ITALIAN TO BE FULLY GREEN.
SUSTAINABLE CITIES & COMMUNITIES
CLIMATE ACTION
IL NOSTRO FUTURO
GREEN ENERGY SOLUTION PROVIDER
BEST PLACE TO WORK, WHERE WE LIVE A DIVERSE AND INCLUSIVE CULTURE.
CLEAN OCEANS
LEADING THE GREEN MOVEMENT
E.ON ITALY AS THE TOP INNOVATOR AND CONTRIBUTOR OF GROWTH TO THE GROUP.
GREAT PEOPLE
GREAT PLACE
GENUINELY DIGITAL
PLAN(ET) A
#WEMAKEITALYGREEN
THE TIME IS NOW!
LEADING PLAYER IN THE ITALIAN MARKET &
TOP RELEVANT NET GROWTH CONTRIBUTER AT E.ON
GREEN REVOLUTION
FOR ITALY – NOW OR NEVER!!!
NATURE
TIME
ITALY
INDUSTRIALIZE FEH
GROW PROFITABLE IN COMMODITY
TRANSFORM EIS
EIS!
NO NO! GE-LA-TO!
MOVIMENTO
NO. WE HAVE TO BE FOCUSED. IF WE WANT TO REACH OUR GOALS!
GREAT! THERE'S ALSO A CLIP ABOUT THIS. ONE SECOND – I'LL JUST SCAN THIS QR-CODE.

Wie eine neue Perspektive auf die Welt und den Markt die Innovationskraft einer Organisation neu definierte.

Vom Produkt zum System

Reinhard Ploss trat 1986 in Infineon Technologies AG ein und hatte verschiedene Managementpositionen inne, bevor er am 1. Oktober 2012 zum CEO ernannt wurde. Infineon befand sich in einem Prozess der Umstrukturierung und Neuausrichtung des Geschäfts, um besser im Bereich der Halbleiterindustrie konkurrieren zu können.

Unter Ploss' Führung hat Infineon in verschiedenen Bereichen wie Leistungshalbleitern, Sicherheitslösungen und Automobil-Elektronik erhebliche Fortschritte gemacht und ist zu einem der weltweit führenden Hersteller von Halbleitern (Computerchips) geworden. Das Unternehmen hat zudem seine globale Präsenz durch Fusionen und Übernahmen ausgebaut und hat heute eine starke Präsenz in Asien, Europa und Nordamerika. Am Anfang dieses Prozesses stand eine neue Strategie für mehr Innovation und Wachstum. Die Leitidee: From Product to System (P2S).

Robert Wreschniok: Als Sie vor rund 10 Jahren die Aufgabe übernommen haben, Infineon in die Zukunft zu führen, wo lagen da die größten Herausforderungen?

Reinhard Ploss: In unserer Branche gibt es ein Mantra, das jeder runterbeten kann: Alles, was wir tun, hat Grenzen. Was bedeutet das? Ein Halbleiter kann nur so klein werden bis die Grenzen der Physik erreicht sind. Aber noch bevor diese Grenzen erreicht sind, gibt es ökonomische Grenzen. Also der Zeitpunkt, wo der Aufwand nicht mehr in Relation zu dem Ertrag steht. Und vor rund 10 Jahren waren wir uns beider Grenzen sehr bewusst.

Infineon bestand nur noch aus Automotive und Industrie und wir haben für uns erkannt: Eine weitere Produktfokussierung durch Veräußerung ist nicht die nächste Phase der Evolution, sondern die Frage, was danach kommt. Und da entwickelte sich ein Gedanke, den wir dann in den kommenden Jahren verfolgt haben; Wie gelingt es uns als Organisation von einem Produktfokus zum Systemdenken weiterzuentwickeln?

Also ein Scheideweg?
Wir waren ganz ordentlich unterwegs, aber die Profitabelsten waren wir nicht. Es war für uns evident, dass die Organisation sich sehr schwer damit tat, sich selbst in Frage zu stellen. Da gibt es zwei Kategorien von Mindsets: Die Erfolgreichen und die weniger Wissenden. Manchmal trifft beides zusammen. Die Frage ist dann, wie schafft man es einen neuen Weg einzuschlagen, also den Leuten einen Ansatz zu geben und aus einer anderen Perspektive neu zu denken? Wir wollten durch einen veränderten Blickwinkel Neues entdecken und einen Mehrwert finden. Wir wollten ja weiterhin wachsen. Einmal durch Akquisitionen. Dadurch haben wir dazugelernt, aber so richtig haben wir uns nicht verändert. Und eben durch die Suche nach einer Antwort auf die Frage, wie würden wir den nächsten Evolutionsschritt hinbekommen? Und so entstand der Gedanke „Vom Produkt zum System".

REINHARD PLOSS

ehem. CEO Infineon

Alles, was wir tun, hat Grenzen.

Zur Person

Reinhard Ploss wurde am 8. Dezember 1955 in Bamberg geboren. Er studierte Verfahrenstechnik an der Technischen Universität München und schloss 1990 sein Studium mit einem Doktortitel ab.

Im Jahr 1986 trat Ploss in die Infineon Technologies AG (damals noch Siemens AG) ein und begann eine erfolgreiche Karriere bei dem Halbleiterhersteller. Im Oktober 2012 wurde Ploss zum CEO und CTO von Infineon ernannt und leitete das Unternehmen durch eine Phase der Umstrukturierung und Neuausrichtung, um das Unternehmen in der Halbleiterindustrie wettbewerbsfähiger zu machen und auf einen längerfristigen Pfad des Erfolgs zu setzen.

Ploss schied im März 2022 von Infineon aus und übergab das Ruder an Jochen Hanebeck.

Mit Best Practice Beispielen wurde klar: Die Zukunft ist schon da. Sie ist nur ungleich verteilt. Die P2S Strategie funktioniert.

Das müssen Sie erklären.
Wie helfe ich mir selbst, anders auf die Dinge zu schauen? Wie gebe ich den Leuten etwas? Wie bewege ich mich weiter und bleibe nicht stecken? Wir haben in der Halbleiterindustrie natürlich den Vorteil, dass die Veränderungen alle in raschem Tempo voranschreiten. Trotzdem sind viele Firmen eingegangen. Manche Firmen können sich ganz gut erneuern, manche weniger. Und uns wurde klar, damit uns die Erneuerung gelingt, brauchen wir zwei Betriebssysteme: Eins, in der eine hundertprozentige Qualität zu möglichst niedrigen Kosten geliefert werden muss. Ein zweites, das sich mit dem Systemdenken beschäftigt. Betrachten wir alles nur innerhalb des ersten Systems, sind wir viel zu nah an der Effizienzfrage und an der Produktperfektion, die der Kunde vielleicht gar nicht braucht oder, die mit zu viel Aufwand entwickelt wird. Deshalb müssen wir uns zusätzlich Gedanken machen, in welchem System unsere Kundinnen und Kunden eigentlich agieren und wie wir sie mit neu gedachten Lösungen noch erfolgreicher machen können.

Damit uns die Erneuerung gelingt, brauchen wir zwei Betriebssysteme.

Ein echter Perspektivenwechsel.
Das ist richtig. Man kann ja induktiv denken, also von sich zu anderen. Manche Systeme tun sich dabei schwer und besonders auch wir selbst als Team oder Führungskraft. Man kann aber auch deduktiv denken. Und das ist ja schon der Ansatz: Schau Dir an, was das Problem des Kunden ist – oder vielleicht sogar das Problem der übernächsten Ebene und überlege, was den Unterschied macht. Schau Dir die Mechanismen an. Manche Systeme sind bereit, sich schneller zu verändern. Da kann man etwas ausprobieren. Manche Systeme tun sich dabei schwerer. Das sollte man dann bei dem, was man tut, berücksichtigen. Das Thema der Dualität ist hier wichtig. Es gibt zwei Dualitäten: Einmal die Notwendigkeit der Perfektion, wenn man Neues entwickelt. Allerdings muss man in dieser Domäne manchmal etwas ausprobieren. Karmann hat dazu ein Buch geschrieben, viele andere aber auch (Anmerk. der Redaktion). Wenn man sagt, man kann beides beherrschen, nennt man das Ambidextrie.

Wie hat sich diese Idee der Dualität oder Ambidextrie auf die neue Strategie ausgewirkt?
Alles diente dazu, dass wir nicht in unserem heutigen System verhaftet bleiben. Natürlich wollen wir das, was wir taten, immer weiter perfektionieren. Aber etwas immer weiter zu perfektionieren, was dann niemand braucht, bringt es dann auch nicht. Man muss den Leuten auch als Hilfe geben, dass die Organisation eine solche Veränderung ganz unangestrengt und aus eigenem Antrieb schafft. Das ist nichts anderes als eine laufende Standortbestimmung: Wie finde ich den richtigen Weg? Wie erkenne ich, was als nächstes kommt? Wie kann ich das beurteilen? Wie sind die Mechanismen, zum Beispiel bei IOT und vielen anderen? Wieso ist IOT so anders als Mobilfunk? Und dass man letztendlich in diesem System erkennt: IOT ist Krümelkram, während es im Mobilfunk vier oder fünf großer Spieler, also Big Player gibt. Da hat man ganz andere Mechanismen, um erfolgreich zu sein.

VARIANZ DES DENKENS

Also hatten Sie mit Ihrem Team die Erfolgsformel gefunden?

Schön wäre es. Die Wahrheit ist, wir wussten gar nicht, wie man erfolgreich ist. Wenn man sich in dieses Thema begibt, erkennt man, dass es nicht den einen, sondern mehrere begehbare Pfade des Erfolgs gibt. Es gibt eine ganze Reihe von Kunden, die keine Technikexpertise haben. Denen muss man quasi das Tiefkühlgericht mit Alufolie liefern, so dass sie es nur noch aufmachen müssen. Manche Kunden sind dominiert durch den Einkauf. Wenn man nicht versteht, dass man Technik nur schwer verkaufen kannt, dann sollte man aus einem Wunschdenken in eine Varianz des Denkens und des Möglichen gehen.

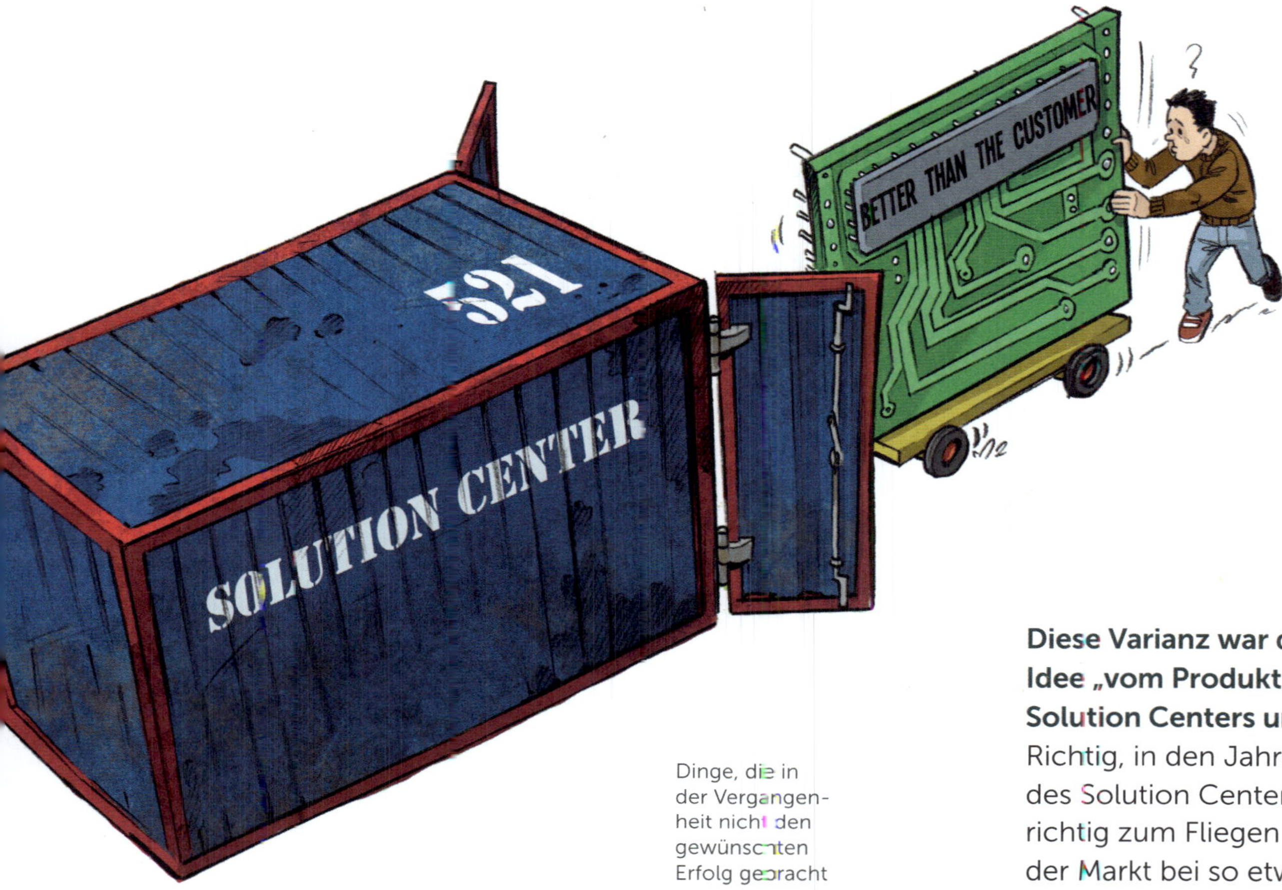

Dinge, die in der Vergangenheit nicht den gewünschten Erfolg gebracht haben, werden selbstbewusst benannt.

Diese Varianz war dann einer der Aspekte, die die Idee „vom Produkt zum System" von der Idee des Solution Centers unterschieden hat?

Richtig, in den Jahren ab 2010 hatten wir den Ansatz des Solution Centers eingeführt, was anfangs nicht so richtig zum Fliegen kam. Wir hatten vergessen, dass der Markt bei so etwas nicht sofort zugreift, sondern von Gewohnheiten geprägt ist. Der grundsätzliche Ansatz, in der Lösung des Kunden zu denken, ist ja nichts Weltbewegendes. Aus meiner Sicht war aber das Solution Center nicht ganz unproblematisch. Denn man hat letztendlich zwei Probleme. Erstens: Versteht der Kunde eigentlich genug von dem, was wir machen? Wahrscheinlich nicht. Es gibt die Regel: Um eine gute Frage zu stellen, braucht man 30 % der Antwort. Wenn der Kunde sagt, er brauche dieses und jenes, muss man sich fragen, ist das überhaupt das Richtige für ihn? Man benötigt die Fähigkeit, am Kunden vorbeizudenken. In diesem Solution Center hatten wir das Problem, dass wir oftmals versucht haben, *superior Performance* zu verkaufen. Aber diese *superior Performance* ist nicht angekommen. Wir hatten versucht, über Technologie und Performance etwas zu verkaufen, das der Markt nicht gewürdigt hat.

VERTRIEBS STRATEGIE

Eine große Serverfarm verbraucht so viel Energie wie eine Kleinstadt.

Eine erfolgreiche und zielgerichtete Vertriebsstrategie steht und fällt mit dem Verständnis des Unternehmens für die Bedürfnisse seiner Kunden. Nur so kann das Unternehmen die Bedürfnisse der Kunden befriedigen und dabei erfolgreich sein. Eine Vertriebsstrategie beinhaltet alle Maßnahmen, um Produkte oder Dienstleistungen erfolgreich zu vertreiben und zu verkaufen. Die Strategie zielt darauf ab, die Bedürfnisse und Schmerzpunkte der Kunden zu verstehen und darauf aufbauend geeignete Produkte oder Dienstleistungen zu entwickeln. Nur so kann sichergestellt werden, dass das Angebot des Unternehmens auf die Zielgruppe abgestimmt ist und erfolgreich verkauft werden kann. Durch die Identifizierung der Kundenbedürfnisse und -probleme kann das Unternehmen gezielte Marketingstrategien entwickeln, um das Interesse der Kunden zu wecken und die Absatzmärkte zu erweitern. Um eine erfolgreiche Vertriebsstrategie zu implementieren, ist es wichtig, dass die Mitarbeiter des Unternehmens ein tiefes Verständnis für die Schmerzpunkte und Bedürfnisse der Kunden haben. Nur wenn alle Mitarbeiter des Unternehmens auf diese Bedürfnisse abgestimmt sind, kann erfolgreich eine Vertriebsstrategie umgesetzt werden. Ein tiefes Verständnis für die Kundenbedürfnisse kann auch dazu beitragen, neue Absatzmärkte zu erschließen und eine erhöhte Kundenbindung zu erreichen.

Können Sie ein konkretes Problem nennen, bei dem Denken im System einen Unterschied macht?
Ein Server-Farmbetreiber suchte nach einer Lösung für mehr Energieeffizienz. Um sich die Dimensionen vor Augen zu führen: Eine große Serverfarm verbraucht so viel Energie wie eine Kleinstadt. Die Frage, die ohne Denken im System gestellt werden würde, lautet einfach ausgedrückt: Kann man einen Chip bauen, der weniger Energie braucht? Unsere Ingenieure haben sich direkt an die Arbeit gemacht und es wurde klar, die maximalen technisch möglichen Einsparungen an unserem Produkt waren zu gering. Kein Computerhersteller würde dieses Produkt einbauen, nur weil es drei bis vier Prozent einspart.

Strategie braucht Menschen. Der „Value" kommt nicht von der PowerPoint.

Und dann kam der Systemgedanke ins Spiel?
Richtig, wir untersuchten die Aufgabenstellung aus Sicht der Serverfarm-Betreiber. Wenn man das gesamte Ecosytem betrachtet sieht man, dass die Klimaanlagen den meisten Strom verbrauchten. Die Klimaanlagen waren aber nötig, weil die Chips heiß liefen. Und so entwickelten wir als technische Lösung den CoolMOS, also einen Chip, der weniger warm wurde. Betrachtet man also das Ganze nicht aus Sicht des Serverherstellers, sondern aus Sicht des Serverfarm-Betreibers, erkennt man, was sinnvoll ist und was nicht.

REZEPTKARTEN-ANSATZ

Aber, wenn ich mich richtig erinnere, war die „Vom Produkt zum System"-Strategie nicht nur ein Weg für neue Innovation sondern auch ein neuer Vertriebsansatz.
Genau P2S sollte helfen den wirklichen Wert für den Kunden zu verstehen und zu vermitteln. Ein Beispiel: Wenn man ein Haus analysiert und überlegt, welche Kosten entstehen dürfen, wird man von einem Betonhaus niemals zu einem Holzhaus kommen. Was muss ich also tun, damit der Kunde den Wert greifen kann? Wie ist er bereit, statt den 99 Cent 1,39 Euro zu zahlen? Hier geht es um das Thema „Vom Produkt zum System"-Denken. Das geht nur, wenn man weiß, wie man dem Kunden den Wert vermitteln kann. Unser Versuch einer Antwort auf die Frage, wie diese Customer Stickyness entsteht, findet man auch unten rechts auf dem Big Picture: Ein Mann geht in den Baumarkt und möchte eine Schraube kaufen. Die Schraube steht für eines unserer Produkte. Und ja, dann kann man in der alten Denke einfach die Schraube verkaufen. Mit dem neuen Systemansatz geht es uns aber darum, die Bedürfnisse des Kunden wirklich zu verstehen: Was möchte er mit der Schraube erreichen? Braucht er für dieses Ziel eventuell weitere Komponenten wie einen Bohrer und einen Dübel? Braucht es für dieses Ziel überhaupt eine Schraube oder gibt es ganz andere Wege und sucht der Kunde auf diesem Weg vielleicht Begleitung? Kurzum „Vom Produkt zum System" im Vertrieb bedeutet: Verstehe das Problem, das es zu lösen gilt. Erst dann beginnt die Suche nach der Lösung. Mit der „Vom Produkt zum System"-Idee, entstand eine Art Rezeptkarten-Ansatz für ganz viele Themen. Dieser Ansatz geht allerdings über eine reine Vertriebsstrategie hinaus. Er erfordert eine ganzheitliche Neuausrichtung der Führung, um die Mitarbeitenden zu dieser Arbeit zu befähigen und zu incentivieren.

Hinterfragen, warum man eigentlich so wenig fragt. Ein kleine Schraube als Einstieg in einen großen Dialog

Wie entsteht diese Customer Stickyness?

Neben unternehmerischen hat es ja auch organisatorische Herausforderungen gegeben. Es gibt ja einen gewissen Wettbewerb innerhalb des Unternehmens. Wie hat man die neue Strategie in die Gesamtorganisation integriert?
Ja, es war ganz interessant. Wir haben viele Reviews veranstaltet und geguckt, wo wird was bewegt? Du musst dem ganzen Thema durch Partizipation und durch Aufmerksamkeit und Befähigung einen Wert geben und low level anleitend sein, also bei den naheliegenden Dingen anfangen. Es gab einige, die leichter zu gewinnen waren, dort hat man dann angefangen und sie für Dinge gelobt. Man muss ja irgendwo einen sich selbst verstärkenden Prozess anfangen. Mit den *Application Reviews* hat sich das in den kommenden Jahren fortgesetzt. Man hat sich nicht nur die Produktentwicklungen angeschaut, sondern die Einschätzung der Organisation zu verschiedenen Applikationen. Man hat sich gefragt: Was kann an der Stelle kommen und was bedeutet das? Man sollte auch nicht vergessen, dass die Diskussion um das Big Picture auch eine Chance für die Leute war. Einige waren damals sehr engagiert. Man braucht manchmal diese Protagonisten, aber auch Leute, die sagen, wie es gemacht wird. Es ging auch darum, den Leuten das Gefühl von Aufbruch wiederzugeben, da die Zeit nicht ganz so einfach war.

P2S folgte also zwei Ideen: 1. Der Blick auf die Produkte als eine Art Innovationsstrategie, um auf neue Ideen zu kommen. 2. Der Blick auf den Vertrieb, indem man aus Kundenproblemen argumentiert statt über Produktfeatures, deren Wert man ohne Expertenwissen gar nicht erfasst.
Genau. Wir hatten zu oft versucht, ein noch besseres Produkt zu bauen, was am Ende gar nicht gefragt war und ins Leere lief. Die Technologieführerschaft kann auch in eine Erosion hineinlaufen. Das andere ist, den Leuten etwas verkaufen zu wollen, was sie weder honorieren noch benötigen. Unsere Frage war, wie kann ich die nächste Generation an Technologie, die passender für das Problem ist, verkaufen? Wo muss ich ein Stück vorausdenken, um die passende Technologie zu bekommen?

Jedes Big Picture erscheint ...

... auf den ersten Blick wahnsinnig komplex und erreicht doch genau das Gegenteil: Es reduziert die im Unternehmen mit Blick auf die Strategie wahrgenommene Komplexität nicht, indem es die Strategie und Ziele auf banale Bullet-Points und Leitsätze reduziert, sondern indem es die Strategie in den Gesamtkontext einordnet und sich die Unternehmen samt der Menschen, die sich darin bewegen, ansieht. Indem wieder nachvollziehbar wird, wie alles zusammenhängt und warum die Werte, Prinzipien, strategischen Ziele, die Art, wie wir führen wollen und wie wir auf unserem Weg in die Zukunft zusammen arbeiten möchten, eben nicht losgelöst voneinander beantwortet werden sollten.

Es gibt eine Szene, die ist auf der Karte zweimal dargestellt: Die überfüllte Pipeline, ständiger Druck, Aufgaben für die Task Force und Kunden. Und in der neuen Welt: Hier ist alles sehr viel aufgeräumter, man argumentiert über den Markt und das System. Hat es funktioniert?

Wenn man reaktiv zum Markt ist, wie in der ersten Situation, nämlich dass etwas aufpoppt und man dem wie verrückt hinterher rennt, weil der Markt einem davonrennt, dann funktioniert es nicht. Wenn man sich aber fragt, wohin es gehen könnte und wie man sich darauf vorbereiten kann, dann kann man einen Teil in die Frühphase legen, in der man ausprobieren kann, ob etwas sinnvoll ist oder nicht. Also letztendlich ein Vorausdenken für die ganze Organisation. In den Jahren zwischen 2008 und 2010 hatten wir das Problem, dass unsere Entwicklungen immer langsamer wurden, weil wir natürlich sehr viel Innovation hineingepackt hatten. Es gibt außerdem ein Phänomen:

Diese Szene findet sich zwei mal auf dem Big Picture. Alte vs. neue Denke. Die Menschen sind die selben, aber der Fokus und das Argument haben sich weiter entwickelt.

Wenn man heute etwas entwickelt, benötigt man einen gewissen Aufwand, die nächste Generation wird meistens deutlich schwieriger. Irgendwann wird der Aufwand gigantisch und der Fortschritt sehr klein. Das war eine Phase, die zu der Frage, ob es noch Sinn ergab, passte. Wir hatten dann begonnen, sehr viel in die Projekte hineinzupacken, um denselben Produktivitätsfortschritt zu erreichen. Aber es war einfach viel zu viel für diese Projekte. Wir mussten unsere Organisation in Ordnung bringen. Es geht darum, etwas außerordentlich detailliert und früh genug zu durchdenken und sich vorzubereiten. Also: Man ziehe das Denken von morgen ins Heute und überlege sich drei, vier, fünf Dinge, die man heute machen muss, um dann bereit zu sein, wenn es kommt.

Ziehe das Denken von morgen ins Heute.

DENKPROZESS UNTERSTÜTZT

Sie haben in Ihrem Leben ja sowohl als CEO als auch in anderen Positionen Strategien begleitet. Was würden Sie anderen mitgeben, die vor der gleichen Herausforderung stehen?
Macht das Problem zum Thema der Leute. Auf die Leute zuzugehen und zu sagen „Ich habe ein Problem und so müsst Ihr mir bei der Lösung helfen" bewirkt, dass viele sich nicht damit identifizeiren. Deshalb nimm Dir die Zeit, auf die Organisation zuzugehen, das Problem zu benennen und sie dann an der Findung der Lösung teilhaben zu lassen. So ist 80 % des Change schon gemacht, ohne dass man darüber reden muss. Ich hatte mir zu wenig Gedanken über die Zusammenhänge gemacht. Das Verständnis dafür, wie etwas funktioniert, ist kein Sachverständnis allein, sondern ein organisatorisches. 80 % scheitern an dem Verständnis, wie eine Organisation funktioniert und nicht an dem Verständnis, wie Dinge funktionieren.

Und mit Organisation ist auch gemeint, wie die Menschen darin funktionieren, wie sie denken und sich auf Veränderung einlassen?
Natürlich. Ja, die Frage, welches Denken liegt vor, wie sind die Zusammenhänge? Warum entstehen Kräfte in diese oder jene Richtung?

Man muss also den Menschen in der Organisation die Chance geben, sich selbst zu erarbeiten, wo die Probleme liegen und wie man sie lösen kann. Hat das Wimmelbild den Leuten geholfen, sich daran und an der P2S-Strategie zu beteiligen?
Das Big Picture hat einen dualen Zweck verfolgt. Um es zu malen, musste man sich damit beschäftigen. Und weil wir es auf einer Führungskräftetagung zeigen wollten, musste es fertig werden. Wir haben alle eingebunden, die aus unserer Sicht für den künftigen Erfolg entscheidend waren. Darunter Skeptiker nach dem Motto „Das tun wir doch eh schon" und auch manche, die ganz begeistert waren. Die Erstellung des Big Pictures hat den Denkprozess unterstützt. Aber man musste über unseren Weg nachdenken. Und die Organisation teilhaben lassen, respektive ihr die Chance geben, sich selbst hineinzubegeben.

Alles auf einem Blick. Was braucht es, um ein P2S-System-Experte zu werden?

From PRODUCT Thinki
SEMICONDUCTOR INNOVATION
TECHNOLOGY LEADERSHIP
PRODUCT EXCELLENCE
COMPETINC.
infineon
MOBILITY
NO, THANK YOU!
SLAM
High Performance
SYSTEM UNDERSTANDING
WHAT'S KEEPING HIM AWAKE AT NIGHT?
APPLICATION COMPETENCE
THE CUS
MANUFACTURING EXCELLENCE
MARKET INSIGHT
GREAT CHIPS
EVEN BETTER CHIPS
GENIUS CHIPS
BETTER CHIPS
GOOD CHIPS
CoolMOS
TriCore
SALE
SALE
WHY?
EVEN BETTER PERFORMANCE AND NEW FEATURES ...
HOW DO WE RAISE PERFORMANCE WHILE REDUCING COSTS AT THE SAME TIME?
YEAH, WHATEVER! BUT CAN YOU SELL IT TO US FOR $ 0,99 INSTEAD OF $ 1,03? THAT'S WHAT YOUR COMPETITOR WOULD CHARGE.
LATE
EXPENSIVE
BUGGY
ANOTHER JOB FOR THE TASKFORCE!
BETTER THAN THE CUSTOMER
521
SOLUTION CENTER
COMPONENTS ONLY FOCUS
FALLING PRICES!
TECHNOLOGY LEADERSHIP
TECHNOLOGY LEADERSHIP
SYSTEM THINKING
CARE FOR VALUE
DIVISIONS
REGIONS
ASIA PACIFIC
ATV
ATV
IPC
OP
PMM
CCS
EUROPE
AMERICAS
JAPAN
FOCUS ON P2S
COMPETITION COMMODITIZATION LOW MARGIN

YSTEM Understanding
WELCOME TO THE FUTURE:
CREATED BY OUR CUSTOMERS
ENABLED BY INFINEON PEOPLE
ENERGY EFFICIENCY
IS ALREADY
INTO THE
PAPER!
SERVER FARM
POWERED BY infineon
WHAT WILL HE SELL FIVE YEARS FROM NOW?
HERE WE CAN ADD VALUE.
THAT PAYS OUT FOR US.
YOU ARE GOING TO BE THE FIRST IN THE MARKET.
HOW CAN WE HELP THEM TO REACH THEIR GOALS FASTER?
YES, I THINK, WE CAN MAKE THIS HAPPEN.
BLUE OCEAN
RED OCEAN
FUTURE MARKETS
THE SYSTEMS
SAVINGS $$$
$$
A NEW GENERATION OF SYSTEM ORIENTED PRODUCTS
(100% EXECUTION QUALITY)
SYSTEM EXPERT
SEGMENT RESULT
PRODUCT REQUIREMENTS
ENGINEERING REQUIREMENTS
ROADMAPPING
SYSTEM
APPLICATION
PRODUCT
TECHNOLOGY
fast
reliable
success-ful
ADDING VALUE
LEADER
HQ
AMERICA
ASIA PACIFIC
EUROPE
JAPAN
SALES & MARKETING NETWORK
KNOWLEDGE
MANAGING COMPLEXITY
KNOWLEDGE EXCHANGE
I.T.
FUNCTIONS - ENABLING P2S
TRAINING ACADEMY
OF COURSE, HERE YOU GO!
CAN I HAVE A SCREW, PLEASE?
CAN I HAVE A SCREW, PLEASE?
„IF I HAD ASKED THE CUSTOMERS WHAT THEY EXPECTED FROM A PHONE, IT WOULD NOT HAVE BEEN 10% OF WHAT OUR PHONE CAN DO."
STEVE JOBS
SCREW
SUPPORT

Wie dem größten Versicherungskonzern der Welt die digitale Transformation gelang.

So weit sind wir noch nie gesprungen

Die Allianz SE ist ein europäisches Finanzdienstleistungsunternehmen mit Hauptsitz in München, Deutschland. Sie ist das weltweit führende Versicherungsunternehmen, noch vor der französischen AXA und der italienischen Assicurazioni Generali. Mit einer Präsenz in 36 Ländern weltweit arbeitet Allianz Technology als globaler IT-Dienstleistungszweig der Allianz mit anderen Einheiten zusammen und bietet IT-Lösungen an, die die Digitalisierung der Gruppe weltweit vorantreiben. Das Interview erzählt von der Gründung der Organisation unter dem Namen AMOS (Allianz Managed Operations & Services), ihrem rasanten Aufstieg und ihrer Mission: „Transforming Allianz into a digital Group".

Robert Wreschniok: Vor rund 10 Jahren ging es los, da hat jemand gesagt: „We transform Allianz" unter der Digital Group. Und Ihr seid dem Ruf gefolgt. Was ist da passiert?

Laura Marsi: Damals war es so, dass die AMOS als Spin off einer IT-Abteilung einer deutschen Gesellschaft mit einer unglaublichen Vision geschaffen wurde. Sie entwickelte sich von einer lokalen Company zu einem internationalen Dienstleister. Die Idee dahinter bestand darin, IT-Bereiche von den Tochtergesellschaften der Allianz zu übernehmen und dadurch Service Ambitionen, Technologie usw. zu vereinheitlichen. Das heißt, Effizienz und Qualität mithilfe der Standarisierung zu

Das Wichtigste ist, dass über etwas gesprochen wird.

LAURA MARSI

Head of Global Talent & Leadership in AZ SE

Zur Person

Nachdem Laura Marsi verschiedene Positionen im Bereich Finance, Business Controlling und HR besetzt hatte, wurde sie zur AMOS zunächst als Head of Internal Transformation und später als Global Head of Organizational Change und HR mit Top Management Verantwortung für mehr als 8.500 Mitarbeiter weltweit berufen.

Nach der Rückkehr in die Allianz SE Holding als Global Head of HR Strategy & Transformation, hat sie seit Juni 2023 den Bereich Global Talent & Leadership im Fachbereich Group People & Culture der AZ SE übernommen.

steigern. Ich denke, das Big Picture ist interessant, weil die ersten Schritte sehr schön zu erkennen sind. Als die Mitarbeiter damals von der deutschen Gesellschaft als erstes zur AMOS kamen, waren sie zunächst überrascht und haben sich gefragt, wie die Transformation ablaufen soll. Die Idee, die Geschichte der Transformation über Bilder, beziehungsweise durch Comics zu präsentieren, war eine fantastische und innovative Sache, die viele Mitarbeiter überrascht hatte. Einige waren sogar etwas schockiert, weil wir aus einer konservativen Kultur kommen, und demensprechend solche Ansätze mit großer Skepsis betrachtet werden. Ich bin jedoch der Meinung, das Wichtigste ist, dass über etwas gesprochen wird, egal was der Auslöser ist. Außerdem bin ich der Überzeugung, dass wir durch die Verbildlichung unserer Strategie jeden erreicht und bei allen Mitarbeitern Neugierde geweckt haben. Das war der erste Schritt, um ein Interesse zu entwickeln, neue Sachen zu verstehen. Ich fand die Methode großartig.

Im Big Picture ist zu erkennen, dass Ihr weiter springen musstet als je zuvor. Damals gab es noch viel Skepsis, ob man diese ambitionierten Ziele überhaupt erreichen kann. Hat die Visualisierung da geholfen?
Ich denke, es hat uns unglaublich geholfen! Hier in diesem Big Picture kann man klar erkennen, wer unsere Wettbewerber sind. Wenn wir es nicht schaffen in unserem Handeln hervorragend zu werden und unsere ambitionierten Ziele nicht erreichen, dann werden wir von unseren Wettbewerben gefressen. Wir haben es auch gewagt, uns mit nicht-traditionellen Versicherungsunternehmen zu vergleichen, z. B. mit Tech Companies wie Amazon und Google. Aus diesem Grund müssen unsere Sprünge noch weiter werden, um nach außen kenntlich zu machen: „Wir formieren uns grade zu einer IT-Company". Auf dem Big Picture sieht man, dass die Menschen begleitet werden, das finde ich auch sehr gelungen. Schließlich haben wir unsere Change-Management-Strategie so konzipiert, dass unsere Mitarbeiter sich in dem Prozess unterstützt fühlen und auch ein Verständnis dafür entwickeln, wieso wir das machen und was ihre Rolle darin ist. Das ist meiner Meinung nach auch der wichtigste Aspekt, die Leute während des Prozesses abzuholen und in der Gestaltung des Unternehmenserfolgs aktiv zu involvieren.

Vieles scheint auf den ersten Blick unmöglich, bis man damit beginnt, den ersten Schritt zu wagen.

AMOS

Super, das heißt hier wurde alles in eine Company gebündelt, die dann die IT- und Digitalisierungsleistungen für die gesamte Allianzgruppe liefert?
Schritt für Schritt wurde die Vision einer einheitlichen IT Company für die Allianz ins Leben gerufen. Deshalb sieht man auf dem Big Picture den Namen AMOS, und in jedem Buchstaben kann man eine Entwicklung erkennen, die die Zusammenarbeit mit den Kunden abbildet. Im **A** wird noch ziemlich rumgebrüllt, man versteht sich untereinander nicht, die Leute haben Kopfhörer auf. Im **M** schaut man noch zurück und erklärt ein bisschen, warum es nicht gleich funktioniert. Dann fängt man langsam im **O** und **S** an, die Kundenbedürfnisse wahrzunehmen und schaut gemeinsam mit dem Kunden nach vorne.

AMOS war noch das sogenannte „ugly child" der Allianz Family.

Und, hat es funktioniert?
Das war ein ganz guter Anfang, man ist nie kundenzentriert genug. Dafür muss man sich kontinuierlich anpassen und auf das Feedback und Bedarf des Kunden kontinuierlich achten. Zum ersten Mal wurden unsere Customer Centricity Ambitionen deutlich ausgedrückt: Wir hatten klare Vorgaben und Erklärungen, was es bedeutet, kundenzentriert zu arbeiten. Einerseits effizienter sein, aber andererseits natürlich auch den Kunden zu hören. Und ich denke in der Tat, am Anfang war die Vision der AMOS Gesellschaft eine große Herausforderung. AMOS war noch das sogenannte „ugly child" der Allianz Family. Durch das Big Picture wollten wir die Motivation der Mitarbeiter wecken und zeigen, wo wir letztendlich hinkommen wollen: In die AMOS Hall of Fame. Viele Bereiche hatten unterschiedliche Projekte, wie z. B. das Task Center Consolidation oder unsere Allianz Global Network.

HALL OF FAME

Die Client Journey von links nach rechts. Von "nicht verstehen" über "gemeinsam nach vorne schauen" bis zum "professionellen onboarding".

CUSTOMIZATION NIVEAU ERREICHEN

Ihr hattet von Beginn an große Ziele.
Richtig. Das hatten wir auf dem Big Picture mit einer Weitsprungszene thematisiert. Hier war erst mal der Gedanke: „So weit kann man gar nicht springen." Und dann gab es drei visuelle Ideen, wie es doch klappen könnte: Man könnte es entweder oldschool mit einem Weitsprungstab schaffen, oder man könnte andererseits das Beamen erfinden, was ein bisschen zu futuristisch ist. Dazwischen liegt – und das war natürlich der AMOS' Weg – eine machbare technologische Lösung zu finden, nämlich Raketen Schuhe.

Stimmt, mit dem Weitsprungstab könnten wir das neue Ziel erreichen. Zu oldschool? Dann mit den Raketenschuhen. Oder doch beamen?

Der Schuh ist die Lösung. Nicht nur für den Weitsprung, sondern für diverse Anwendungsfelder.

Und mit der Idee der Raketenschuhe ging die Arbeit erst los, wie man sieht!
Genau. Eine Mindset-Challenge. Von: Das ist zu teuer. Das funktioniert nicht. Das wurde noch nie ausprobiert. Hin zu – und hier ist witzigerweise schon Barbara Karut Zelle zu erkennen, die später dann die CEO der Allianz Technology wurde: Lass es uns mit dem Raketenschuh probieren. Damit können wir nicht nur weiter springen. Sondern auch schneller laufen. Härter den Ball schießen, beim Basketball höher hüpfen und wir können sogar auf dem asiatischen Markt besser performen. Und das führte zum zentralen Gedanken, die Metapher, für unser Geschäftsmodell: Wir entwickeln die Tools and Gears für die Allianz weltweit.

Also, damit Ihr mit zentralen technologischen Innovationen in den einzelnen Märkten besser als der Wettbewerb performt? Genau, die Idee für die Technologie war, ein sogenanntes CORE zu haben, was den absoluten Standard meint, aber darüber hinaus die Fähigkeit hat, das richtige Customization Niveau zu erreichen. Genau wie Du gesagt hast, um an den verschiedenen Märkten anzukommen. Dabei haben wir uns gefragt, ob wir uns nur auf die Kosten oder auch auf die Qualität fokussieren wollen. Die Mitarbeiter agieren dabei als eine Gruppe von Experten. Experten tendieren dazu immer die perfekte Lösung zur Verfügung stellen zu wollen. Sie beschäftigen sich aber nur selten mit dem individuellen Problem. Damit meine ich, alle Ambitionen und die Klarheit darüber, warum und was genau wir machen. Die richtige Balance zwischen Standardisierung und dem maßgeschneiderten Ansatz zu finden, damit die Leute sich mit der Umsetzung dieser Strategie zurechtfinden.

Auch die Anpassung an unterschiedliche Märkte war ein Problem.

Wir liefern die digitalen Tools, um alle Allianz Mitarbeitenden, überall auf der Welt, in ihren Märkten zu stärken.

Und dann seid Ihr unheimlich schnell gewachsen, richtig? War das nicht eine große Herausforderung für das Change-Management?
Eine Veränderung kann nur dann gestartet werden, wenn man das Leadership hinter sich hat. Wir haben gemeinsam viele Dinge umgesetzt, wie z. B. die Plakate und die Organisation des gelungenen Leadership Summits. Hier haben die Leader zum ersten Mal intensiv mit unserem Big Picture gearbeitet und sich mit der Frage auseinandergesetzt, in welchen der Szenen sie die größten Herausforderungen sehen. Dadurch konnten sie sich in Situationen versetzen, die teilweise unangenehm waren, Situationen in denen Kunden verärgert waren oder gewisse Technologien nicht funktioniert haben. Das Ziel war, dass sie lernen, wie sie mit diesen Situationen umgehen. Das Thema Kollaboration und die „horizontale" Kollaboration zwischen Teams aus unterschiedlichen Bereichen sowie zwischen AMOS und den OEs sollten dabei vor allem in den Vordergrund gestellt werden. Denn die Kollaboration, also das Verständnis als Team zu arbeiten, hatte in der AMOS damals noch nicht funktioniert. Wir hatten das große Ganze dahinter noch nicht erkannt, wie z. B., dass Teamwork essenziell für Lösungen und Kundenzufriedenheit ist. Auch die Anpassung an unterschiedliche Märkte war ein Problem. Denn nicht jeder Markt hat die gleichen Anforderungen. Wir benötigen die Fähigkeit, gewisse Teile nachzujustieren, damit sie sich an die existierenden Marktbedingungen anpassen können. Hier waren wir nicht von Anfang an erfolgreich. Die verschiedenen Bereiche mussten sich schrittweise entwickeln. Dabei passierten auch Fehler, aus welchen wir lernen konnten.

We never loose. We only win or learn.

Nicht überall auf der Welt ist die Allianz der Markführer.
Genau. Das ist auch sehr schön dargestellt: Man sieht, wie der kleine AMOS-Mann auf diese Superhelden im Wettbewerb trifft. In anderen Märkten sind die riesengroß und muskelbepackt, aber wir dafür smarter. Durch Innovation können wir unsere eigene Superkraft entdecken. Durch smarte und innovativere Lösungen können die Wettbewerber geschlagen werden. So wurden auch die Mitarbeiter überzeugt, dass Innovation unser Tool ist, um in den Wettbewerbsmärkten „beat the best" zu erreichen. Unser strategisches Ziel ist „beat the best" und mit den Zeichnungen wurde das hier sehr schön und auch motivierend dargestellt.

Über 8.000 Mitarbeitende im Digital-Team nehmen die Herausforderung an.

In manchen Märkten sind wir nicht die stärksten... aber genau dann smarter und schneller.

KULTUR IST ALLES

Ihr habt an den Leadership Principles gearbeitet, aber auch an der Kultur des Unternehmens.
Absolut. Ich finde, Kultur ist alles. Wenn man nicht die richtige Kultur hat, um gewisse strategische Ziele zu erreichen, dann werden die Business Ziele nicht erreicht. Das ist, was den Unterschied macht. Und, weshalb wir das in den Vordergrund gestellt haben. Wir haben oft gesehen, dass die Leute sich nicht in der Verantwortung fühlen, gewisse Probleme zu lösen und immer auf Kollegen verwiesen haben. Bei dem Leadership Summit, welches wir organisiert hatten, wurde nochmals demonstriert: Wenn wir nicht als Team agieren, werden wir unsere Ambitionen nicht erreichen.

Das führte dann im weiteren Verlauf in eine richtige Professionalisierung: Ein globales Operating Model entstand.
Ja, wir haben uns auf dem Weg zu einem World Class Service Provider gemacht. Und Themen wie Smart Prices and Costs, Trustful Collaboration und Inspiring Leadership sind in den Mittelpunkt des Change-Management gerückt. Unsere Ambitionen waren groß. Es war ein Leadership Team erforderlich, das es versteht zusammenzuarbeiten und den Leuten erklären kann, was unsere Vision ist. Das Leadership Team sollte durch diese Verinnerlichung in der Lage sein, die Mitarbeiter zu inspirieren. Ich hatte gerade schon von der Trustful Collaboration gesprochen. Das Thema Vertrauen ist sehr wichtig. Wir wollen fördern, dass man sich hilft, und Probleme und Fehler nicht verheimlicht werden. Für den Kunden ist der Marktpreis entscheidend, deshalb müssen Lösungen erarbeitet werden, die diese Anforderung erfüllen „without compromising quality". Vorhin haben wir schon von Innovationen gesprochen und das war eine wichtige Veränderung der Perspektive. Am Anfang wollten wir Lösungen konzipieren, welche fehlerfrei sind, aber das war uns nicht genug. Unser Ziel wurde es, Innovationen zu betreiben und World Class zu werden, denn im Benchmark wollen wir ganz vorne Dabeisein.

Steht die Idee, beginnt die Arbeit. Jetzt geht es um Standardisierung und Skalierung.

Innovationen zu betreiben und World Class zu werden.

Für Dich als Change-Verantwortliche ist das Ganze eine wahnsinnige Herausforderung. Alles war so komplex. Wie hält man da das Innovationstempo hoch?
Wir waren hier in einer fortgeschrittenen Phase, in der wir bereits international tätig waren. Wenn man Mitarbeiter aus verschiedenen Ländern hat und diese zusätzlich in unterschiedlichen Ländern tätig sind, kann das einen sehr innovationsfördernden Charakter mit sich bringen. Schlussendlich hat der innovative Service zu einer erhöhten Kundenzufriedenheit geführt, dies hat der Promoter- Score verdeutlicht. Wir hatten aber trotzdem einen noch sehr großen Verbesserungspielraum und wir haben uns kontinuierlich gefragt: Wie können wir den Kunden noch zufriedener stellen und sogar proaktiv handeln? Ich denke, das war zusätzlich eine große Veränderung, die dazugekommen ist.

TRUSTFUL COLLABORATION

Gute Zusammenarbeit gedeiht in einem vertrauensvollen Umfeld am besten.

Ein Teil der Transformationsarbeit fand in dieser Phase auch beim Thema Leadership statt, oder?
Ja, die Idee: „Leading from every seat." Die Leute sollten sich für die verschiedenen Themen verantwortlich, also empowered fühlen. Wir wollten nicht, dass Experten, die sich mit spezifischen technischen Lösungen auseinandersetzen, warten, bis ein Auftrag zu ihnen kommt. Das Ziel war, neue Energien zu generieren, damit die Leute selbst proaktiv handeln und Dinge in die Hand nehmen, was darüber hinaus zu einer erhöhten Motivation führt. „Leading from every chair" kann die Company und den Erfolg der Company positiv beeinflussen.

Führung wird nicht mehr nur hierarchisch gedacht. Sondern kann von jedem Sitz aus gelebt werden.

Der Rollout wird organisiert. Und rollt auf LKWs sinnbildlich in alle Welt.

Und dann kam der neue Global CEO der Allianz SE und setzte auf ein neues Konzept, die Renewable Agenda. War das ein Komplexitätsbaustein zu viel?
Ehrlich gesagt, haben wir bei der AMOS sehr gut in die neue Allianzstrategie gepasst, weil es ein Element der Agenda ist, und zwar „digital by default“. Das heißt, wenn wir uns als Allianzgruppe nicht in ein digitales Unternehmen umwandeln, dann würden wir unseren nachhaltigen Erfolg nicht erreichen. Ein Versicherungsunternehmen ist ein digitales Unternehmen mit einer Insurance Lizenz. Wir als AMOS brauchten eine klare Positionierung, die für alle anderen Companies der Allianz verständlich und nachvollziehbar ist. Es hat sich herauskristallisiert, dass wir, also nicht nur die AMOS, sondern auch die anderen Tochtergesellschaften der Allianz, diese Reise zusammen meistern müssen. Falls wir das nicht schaffen, würden wir alle angestrebten Ziele nicht erreichen und ergo auch nicht die Erfolge. Deshalb war die Einbettung der Digitalisierung in die Strategie der Allianz Company für uns ein Vorteil.

Es war fantastisch, sich selbst zu finden.

Jedes Big Picture erzählt …

… eine spannende Geschichte über die strategische Zukunft des eigenen Unternehmens und diese Geschichte kann fortgeschrieben werden. Viele Unternehmen nutzen die Methode des Big Pictures, um das scheinbar Unmögliche zu tun: Change sichtbar zu machen. Die abstrakte Entwicklung einer Organisation wird auf aussagekräftige Szenen und ein Minimum an Text heruntergebrochen.

Über viele Jahre mit immer neuen Kapiteln, die nicht nur gemeinsame Erfolge „feiern“, sondern immer auch aufzeigt, wohin die Reise zukünftig gehen kann.

Was waren das für Ziele?
Als die AMOS zustande kam, gab es noch keine richtige Finanzabteilung und wir hatten auch keine Möglichkeit, die verschiedenen Treiber unserer Kosten zu verstehen. Hier sind viele Prozesse entstanden, um Transparenz zu schaffen und Monitoring zu gewährleisten. Zum Beispiel durch Tracking, Analyse der Probleme bis hin zur Ambition die Black Zero zu erreichen. Als wir dieses Ziel tatsächlich erreichten, war die Freude in der Firma sehr groß. Die anderen Ziele gehen auch in die Richtung der verschiedenen KPIs, die wir nutzten. Für uns war es sehr wichtig, dass wir nicht teurer als andere Companies oder Dienstleister im Benchmark sind. Ein Preis ist ein Indikator der Kundenzufriedenheit und wir hatten ambitionierte Ziele, was wir erreichen können. Ich denke, dass unser Big Picture auch hier einen großen Beitrag geleistet hat, dass das Thema Engagement sehr ernst genommen wird und zu verstehen, welch wichtige Rolle die Mitarbeitermotivation spielt. Das Big Picture war übrigens auch für das Onboarding neuer Mitarbeiter sowie bei der Gründung neuer Marken sehr gut geeignet. So hatten wir ein Leitbild mit sehr motivierenden Informationen zur Hand, die jeder erklären konnte. Dadurch wurden die Leader befähigt, die Vision der AMOS direkt an die neuen Mitarbeiter weiterzugeben.

Problem erkannt, Problem gebannt. Die "AMOS Men in Blue" geben sich eine neue Kultur der Zusammenarbeit.

Ihr konntet mit der Geschwindigkeit der Veränderung auch visuell über die Jahre mithalten. Insgesamt habt Ihr die Geschichte über die Zukunft der AMOS dreimal durch das Big Picture fortgeschrieben.
Absolut, und ich denke, diese Visualisierung hat den Menschen wirklich geholfen, sich selbst zu finden. Wenn man genau hinsieht, kann man die verschiedenen Bereiche, Länder und Produkte für jeden Mitarbeiter wiederfinden. Es war fantastisch, sich selbst zu finden, und zu verstehen, welchen Beitrag man selbst zur Strategie von AMOS leisten kann. Obwohl das Big Picture sehr beladen ist, ist in den einzelnen Abschnitten jeden Schritt sehr schön erkennbar. Es ist wunderbar, wie alles zu unserer Vision und auch zur kontinuierlichen Evolution passt.

Unterschiedliche kulturelle Perspektiven wurden von Anfang an als Stärke des Projektes erkannt und genutzt.

WATERMELON CULTURE

Genau, das finde ich hier auch sehr schön. Zunächst totales Chaos, das dann aufgeräumt wird. Schreiende Kunden, die nicht zuhören. War es eine bewusste Entscheidung, diese Art der Visualisierung zu wählen?
Ja, es war eine bewusste Entscheidung. Die Leute streben immer die perfekte Lösung an und haben sich teilweise nicht getraut, Fehler einzugehen und Probleme offen zu kommunizieren, hier sprechen wir von der Watermelon Culture. Von außen scheint alles super zu sein, also alles auf grün. Umso genauer man eine Sache allerdings betrachtet, sprich tiefer geht, ändert sich die Farbe auf rot.

Es benötigt Mut, Fehler transparent zu machen und die Leute haben verstanden, wie wichtig das ist. Letztendlich hegen alle den gleichen Wunsch: die Probleme zu beseitigen und sich nicht dafür zu schämen. Viel wichtiger ist, dass die Unstimmigkeiten im Zusammenhang mit Kunden gelöst werden. Ich fand es sehr mutig, dass wir unseren Kunden – damit meine ich die anderen Tochtergesellschaften der Allianz – immer wieder zeigen, dass wir uns stetig verbessern müssen und das auch wollen. Deshalb bitten wir dabei um Feedback und Hilfe.

DIGITALE TRANSFOR MATION

Die digitale Transformation bezieht sich auf den umfassenden Wandel, der durch den Einsatz digitaler Technologien in verschiedenen Bereichen einer Organisation oder Gesellschaft hervorgerufen wird. Sie betrifft die Art und Weise, wie Unternehmen Geschäfte führen, wie Menschen kommunizieren, wie Informationen geteilt werden und wie Prozesse automatisiert werden. Es handelt sich um einen tiefgreifenden Veränderungsprozess, der darauf abzielt, die Effizienz zu steigern, neue Geschäftsmöglichkeiten zu erschließen und die Art und Weise, wie Menschen arbeiten und interagieren, zu transformieren.

Bei einer digitalen Transformation ist es wichtig, die Menschen im Veränderungsprozess an die Hand zu nehmen und nicht zu verlieren. Maßgeblich sind dabei eine klare Kommunikation über die Gründe und Ziele der digitalen Transformation. Es ist wichtig, die Mitarbeiter über die Veränderungen zu informieren und ihnen die Möglichkeit zu geben, aktiv am Transformationsprozess teilzunehmen. Da neue Fähigkeiten und Kenntnisse erforderlich sind, ist es obligatorisch, den Mitarbeitern die Möglichkeit zur Weiterbildung zu geben. Ein weiterer wichtiger Aspekt ist ein gut durchdachtes Change-Management. Das beinhaltet die Planung, Koordination und Steuerung der Veränderungen sowie die Unterstützung der Mitarbeiter bei der Anpassung an neue Arbeitsweisen und Technologien. Die Change-Management-Strategien müssen dabei auf die spezifischen Bedürfnisse der Organisation zugeschnitten sein.

Es benötigt Mut, Fehler transparent zu machen.

DAS IST ALLES DEINE SCHULD!
AMOS
ICH BIN DER GRÖSSTE KUNDE!
ORDER NOW!
ORDER PRIO 1
URGENT
ALLIANZ GERMANY
AGA
RRRING RRRING RRING
NICHT ER SCHON WIEDER! DAS IST SO UNFAIR! ICH SAG'S RALF!!!
WIR WERDEN SECHS MONATE FÜR DAS ANGEBOT BRAUCHEN.
WAS?!!
MAL SEHEN, OB ICH DEN PROZESS NOCH VERBESSERN KANN… JAWOHL ICH HAB'S GESCHAFFT.
TWO SPEED ARCHITECTURE
NEXT GENERATION DIGITAL SUIT
AMOS PROTOTYPE LAB
TSK, TSK!
HÖRT MAL! ÜBERLASST UNS DIESEN AUFTRAG!
ICH FRAGE MICH, WER MIT DEN ANBIETERN VERHANDELT?
BOOT-SHAFT
PONTOON
PROPELLER
WOHER BEKOMMEN WIR DIE KAPAZITÄTEN?
DARF MAN DAS ÜBERHAUPT?
IRGENDEINE IDEE, WAS WIR MIT IHM MACHEN SOLLEN?
ÄH… HEY… IST ALLES IN ORDNUNG?
ICH WILL AUCH!
LASS MICH AUCH MAL DA SITZEN!!!
JA, COOL! ABER HABEN WIR EIGENTLICH KEINE AUFGABEN ZU ERLEDIGEN?
KENNST DU DEN TYPEN?
NÖ! GEHT MICH AUCH NICHTS AN.
NETWORK CULTURE
COOPERATIVE
FEEDBACK CULTURE
COMPETITIVE
INSPIRING LEADERSHIP
WIR MÜSSEN EINEN KOMPROMISS FINDEN ZWISCHEN DER BEWÄHRTEN TECHNIKLÖSUNG UND WANN WIR EIN NEXT-GENERATION-PRODUKT ANSTREBEN!
HMM! WIR GEHEN DER SACHE NACH!
IHR DIGITALER ANZUG IST NUN VERSANDFERTIG!
SIND SIE SICHER, DASS WIR MIT DEM NEUEN KONKURRENZ-MODELL MITHALTEN KÖNNEN?
BEST TALENT
CHIPS BY VENDOR
NEW P&L TRAINING
1,000 Suits/Hr.
COLLABORATION MODEL
OUTSOURCING INVOICE
QUALITY MANAGEMENT
RICHTIG. KONZENTRIERE DICH!
JA, WENIGER IST MEHR.
TRUSTFUL COLLABORATION
SPAREN! DAS IST VIEL ZU TEUER!
MARKET BENCHMARKS
WAS SEIN MUSS, MUSS SEIN.
ICH SEHE MICH NICHT IN EINER FIRMA FÜR RAKETENSTIEFEL UND SPORTANZÜGE
KOMMEN SIE UND SEHEN SIE SICH UM! ICH HABE HIER SO VIEL GELERNT, UND ES WARTEN NOCH VIELE WEITERE HERAUSFORDERUNGEN AUF MICH!
BEST TALENT
ANSTATT ALS EXTERNER ZU ARBEITEN, SOLLTEST DU ZU AMOS KOMMEN! … KLAR… WEIL'S HIER VIEL COOLER IST!
PRODUCT & PRICING COMMITTEE

KOMPLEXITÄT MEISTERN
KUNDEN-LÖSUNG
PERATING MODEL
DELIVERY TRACKING
NEW GLOBAL OPERATING MODEL
REVENUE SERVICES
NPS
TO INNOVA-
SS SERVICES
@ CALL
SALES
HR
ACCOUNTS
LEGAL
DEVELOPMENT
CATERING
PANIC!
FUNCTIONS:
HOTLINE 1
HOTLINE 2
HOTLINE 3
HOTLINE 4
HOTLINE 5
HOTLINE 6
HOTLINE 7
CHANGE
RUN
COST
Allianz
Managed by AMOS Real Estate Services
AGIS
ASIC
ACAS
SHARED SERVICE COMPANY
PARTNERING UP ??
RIVER OF TIME
DRAIN THE RIVER? WITH THAT?!!
AMOS
TRANSFORMING ALLIANZ INTO A DIGITAL GROUP
GROUP INVESTMENT TRUST
DIGITAL GROUP
IT SERVICES
NON IT SERVICES
IBM
hp
B.I.
accenture
RED OCEAN
AMOS FACTORY TOUR
VORRANGIGE THEMEN:
GLOBAL OPERATING MODEL
FROM DEFECT FREE TO INNOVATIVE & WORLD CLASS SERVICES
INSPIRING LEADERSHIP
BEST TALENT
SMART PRICES & COSTS
TRUSTFUL COLLABORATION
CLICK
ON
OFF
& COSTS
BEST TALENT
THIS WAY UP!
VERDAMMT! ES IST KAPUTT!
ssc excellence awards
AMOS BEST IN CLASS SERVICE PROVIDER AWARD 2017
CYBER THREAT
REGULATION
CONSOLIDATION OF INDUSTRIES
EURO CRISIS
MICRO MANAGEMENT
CLIMATE CHANGE
NEW CUSTOMER BEHAVIOR
UPWARDS DELEGATION
GROWTH BY CHALLENGING PROFITABILITY
MANAGEMENT OF AMBIGUITIES
ALLIANZ RECORD
IT HAS NEVER BEEN DONE BEFORE!
IMPOSSIBLE!
NEW LONG-JUMP TARGET
OLD MIND-SET
IMPOSSIBLE BECAUSE
THERE'S NO BUDGET!
DIGITAL SHOES
OE
AN WEN SOLL ICH LIEFERN: AMOS ODER OES?
ICH WERDE ES EINFACH HIERHIN BRINGEN.
TOO SLOW
OUTDATED
EXPENSIVE
YEP, BUT FIRST: ORDER FORM, BUDGET APPROVAL AND ...
VENDOR
COMPONENTS
RED OCEAN

AMOS
Digital Olym
Allianz
Managed by AMOS Real Estate Services
AGIS
ASIC
ACAS
SHARED SERVICE COMPANY
PARTNERING UP
RIVER OF TIME
AMOS
TRANSFORMING ALLIANZ INTO A DIGITAL GROUP
DIGITAL GROUP
IT SERVICES
NON IT SERVICES
AGN
RED OCEAN
CYBER THREAT
DRAIN THE RIVER? WITH THAT?!!
IBM
B.T.
hp
accenture
Capgemini
OK, HERE'S THE MASTERPLAN: HAVE A TRULY GLOBAL MINDSET, WALK THE TALK, PROMOTE THE BEST TALENTS, ACCEPT AMBIGUITY AND DRIVE CHANGE!
TODAY'S OFFER
SYNERGIES & COMPETITIVE DIFFEREN-TIATION
TO GO!!
EFFECTIVE INTERNAL PROCESSES
BUSINESS SERVICES
AMOS HALL OF FAME
CAP
AGN
ABS
DCC
FBS
CRES
SAS
PROCURE MENT
AGCS
AMOS strengt
WHAT?
YEAH!
TELL US WHEN YOU'RE READY!
STR QUAL
ALLIANZ RECORD
IT HAS NEVER BEEN DONE BEFORE!
IMPOSSIBLE!
NEW LONG-JUMP TARGET
IMPOSSIBLE BECAUSE
MANAGEMENT OF AMBIGUITIES
UPWARDS DELEGATION
MICRO MANAGE MENT
REGULATION
CLIMATE CHANGE
GROWTH BY CHALLENGING PROFITABILITY
OLD MIND-SET
THERE'S NO BUDGET!
DIGITAL SHOES
TOO OLD SCHOOL
MAYBE ???
TOO EXPEN-SIVE
BOOM
REPAIR CENTER?
GREAT IDEA - AND WE'LL MAKE IT EVEN BETTER BY SMART ADAPTION
SOLUTION MI
COST BASE
SYNERGIES
BENCH-MARK COST
YEP, BUT FIRST: ORDER FORM, BUDGET APPROVAL AND ...
TOO SLOW
OUTDATED
EXPENSIVE
RED OCEAN
sson excellence awards
AMOS BEST IN CLASS SERVICE PROVIDER AWARD - 2017 -
!!!
GE
OST

SYNERGIES
anz success and
mpetitive position
Allianz
GROUP
AWARD CEREMONY
Google
amazon
+++ AMOS supports the Group in sustaining a leading market position by exploiting synergies and by fostering innovation adaption +++
BMW EMERGENCY BUTTON
CAN I HELP YOU?
EVENT- AND LOCALLY BASED SERVICES
SPORT INSURANCE PASS 7 DAYS: 10,- €
ACCESS TO PRIVATE HOUSEHOLDS
PROTECTED BY ALLIANZ
AMOS
1st CHOICE PARTNER OF THE OEs
AS ORCHESTRATOR AND MANAGER OF:
- IT INFRASTRUCTURE
- BIZ PROCESSES
- APPLICATIONS
FAST
RELIABLE
SOLUTION ORIENTED
CONTRIBUTES SKILL, SCALE AND SCOPE
Allianz
AWARD CEREMONY
YOU CHOOSE. WE TAILOR YOUR DIGITAL SUIT AND THEN WE DELIVER.
WE ARE HERE SUPPORTING YOU TO WIN THE COMPETITION IN YOUR LOCAL MARKETS.
THE NEW amos ORDERING PROCESS
TAILOR-MADE DIGITAL SUITS
NEW
USINESS TRANSFORMATION
IT TRANSFORMATION
LEADERSHIP
PRIORITIES:
PROTOTYPE #1
I MAKE YOU SUCCESSFUL - YOU MAKE ME SUCCESSFUL
YOU CANNOT SCALE COMPLEXITY.
SERVICE MENTALITY
WHAT ARE YOUR SPECIFIC BUSINESS NEEDS?
MONDAY TEAM HOUR
2012
2014
2015
2020
TICK
TICK
TICK
ADAPTION TO LOCAL NEEDS
THIS IS YOUR PROBLEM!
BUT IT IS YOUR RESPONSIBILITY!
CENTRAL PROJECT TEAM
ANOTHER BAD SOLUTION FROM THE CENTRAL TEAM...
...AND WE HAVE TO CLEAN UP THIS MESS.
YOU WERE RIGHT! I NEED TO INNOVATE: I WANT...
NICE IDEA, BUT OUR STANDARD SOLUTION MEETS YOUR GOALS AND LEVERAGES GROUP SCALE.
HMM... A CHAL
AAAHRG
POM
AMOS 20/15
MISSION ENABLERS:
1. Be fit and make impact
2. Be engaged and customer focused
3. Be globally connected
Organizational and Cultural Change
No 1 PRIORITY:
GET IT DONE TOGETHER!
WORKER'S COUNCIL
STRENGTH
- Global buying power
- Global organization
- Understanding of Allianz global strategy and local market
- Business transformation and change expertise
- Accumulated experience and learning
- Industrial predictable delivery
THAT'S HOW WE'LL REACH A BLACK ZERO IN 2015.
YES. IT'S ALL ABOUT OUR GLOBAL 3D OWNERSHIP.
COLLABORATION
DIGI-BALL CHAMPIONSHI

SYNERGIES
Allianz GROUP AWARD CEREMONY
Google
amazon
+++ AMOS supports the Group in sustaining a leading market position by exploiting synergies and by fostering innovation adaption +++
BMW EMERGENCY BUTTON
CAN I HELP YOU?
EVENT- AND LOCALLY BASED SERVICES
Allianz SPORT INSURANCE PASS 7 DAYS: 10,- €
ACCESS TO PRIVATE HOUSEHOLDS
PROTECTED BY ALLIANZ
AMOS
1st CHOICE PARTNER OF THE OEs
AS ORCHESTRATOR AND MANAGER OF:
- IT INFRASTRUCTURE
- BIZ PROCESSES
- APPLICATIONS
FAST
RELIABLE
SOLUTION ORIENTED
CONTRIBUTES SKILL, SCALE AND SCOPE
Allianz AWARD CEREMONY
WE ARE HERE SUPPORTING YOU TO WIN THE COMPETITION IN YOUR LOCAL MARKETS.
THE NEW amos ORDERING PROCESS
IT INFRASTRUCTURE & SECURITY
LEADERSHIP
PRIORITIES:
PROTOTYPE #1
I MAKE YOU SUCCESSFUL - YOU MAKE ME SUCCESSFUL.
YOU CANNOT SCALE COMPLEXITY.
SERVICE MENTALITY
Harmonization
WHAT ARE YOUR SPECIFIC BUSINESS NEEDS?
JOINT GOALS
2014 2012 2015 2020
TICK TICK TICK TICK
MOS 20/15
No 1 PRIORITY:
GET IT DONE TOGETHER!
AAAHRG
POM
YES. IT'S ALL ABOUT OUR GLOBAL 3D OWNERSHIP.
COLLABORATION
ADAPTION TO LOCAL NEEDS
THIS IS YOUR PROBLEM!
BUT IT IS YOUR RESPONSIBILITY!
ONE SHOE IS MISSING!
CENTRAL PROJECT TEAM
ANOTHER BAD SOLUTION FROM THE CENTRAL TEAM...
ONE TEAM
...AND WE HAVE TO CLEAN UP THIS MESS.
STRENGTH
- Global buying power
- Global organization
- Understanding of Allianz global strategy and local market
- Business transformation and change expertise
- Accumulated experience and learning
- Industrial predictable delivery
YOU WERE RIGHT! I NEED TO INNOVATE: I WANT...
NICE IDEA, BUT OUR STANDARD SOLUTION MEETS YOUR GOALS AND LEVERAGES GROUP SCALE.
HMM...QUITE A CHALLENGE!
DIGI-BALL CHAMPIONSHIP

THE 3D GOALS
DRIVE CHANGE!
RUN SMOOTHLY!
MASTER COSTS!
DIGITAL OLYMPICS LIVE
AMOS MEN IN BLUE ARE SUPPORTING THE ALLIANZ OE S TO WIN THE 2015 DIGITAL OLYMPICS. AMOS TAKES OWNERSHIP AS AN ERNATIONAL TEAM TO DRIVE CHANGE, RUN SMOOTH OPERATIONS AND REACH A BLACK ZERO!
GLOBAL 3D OWNERSHIP
WE WORK TOGETHER AS A GLOBAL TEAM, WE TAKE INITIATIVE,
WE GET THINGS DONE.
DIGITAL OLYMPICS 2015 3D WORLD SERIES
DIGI-BIKE Tour d´ Insurance
NEW AMOS STANDARD
LEGACY RUN
FORMULA A RACE
BIG CHANGE PROGRAMM
NEW CON TRACT
100% SPECIFICATION FIT!!!
COST MANAGE- MENT
HERE IS THE NEW ROCKET-SCIENCE ENGINE…AND WITHIN BUDGET!!!
NO WAY! IT IS TOO EXPENSIVE AND TOO LATE… THE RACE HAS ALREADY STARTED.
CENTRAL PROJECT TEAM
OUR OPTIMIZED GLOBAL SOLUTION GIVES YOU THE LATEST TECHNOLOGY.
LESS GAS - MORE POWER!
HOW COULD YOU FORGET THE PEDALS AND THE PUMP?
SORRY, WE'LL ORDER THEM IMMEDIATELY.
B-BUT…
AH, I SEE. WE ALSO NEED TO SUPPLY EFFICIENT DIGI-GAS …
ROCKET S DELIVER TS AND CUT COSTS.
…LOWER RISK, AND FASTER THAN BUILDING THE SKATEBOARD.
AMOS DOES NOT SUPPLY GAS.
… LET'S MAKE IT EVEN CHEAPER WITH A GLOBAL SOURCING CON- TRACT!
IT DOES NOT WORK BECAUSE THEY USE INEFFICIENT LEGACY GAS.
LOCAL PROJECT DEPLOYMENT TEAM
THE TEAM NEEDS TO DESIGN A PARTIAL RENOVATION THAT'S 10% OF THE NEW BIKE PRICE.
ALTERNATIVE PAINTING TECH- NIQUES TO PREVENT CORROSION
AUCTION RFP
WE CAN'T ACCEPT THIS BECAUSE SERVICE LEVELS AREN'T MET. A DIAGNOSIS IS NEEDED.
LEGACY SPARE PARTS DON'T EXIST AND RENOVATION COSTS TWICE THAT OF A NEW BIKE!
WE'LL TAKE OWNERSHIP AND FIX IT!
DIGI-BIKE TOUR D'EUROPE
OUR EXTERNAL PARTNER DOES MAINTE- NANCE. WE CAN'T HELP - IT'S THEIR FAULT!
ASIAN CAR RACE
SURE, WE WILL SUPPLY SPARE PARTS AND FULLY RENOVATE YOUR BIKE.
GAS IS TOO EXPENSIVE AND THE ENGINE IS A BUST!!!
AMOS TEAM
COMPETITORS
OEs
VENDORS

Über eine Industrie- und Handelskammer, die die Zukunft des Wirtschaftsstandortes nicht dem Zufall überlässt.

Wenn der Erfolg der Gegenwart nicht zufrieden machen darf

Die Industrie- und Handelskammer (IHK) für München und Oberbayern ist mit rund 420.000 Mitgliedsunternehmen die größte IHK bundesweit. Darüber hinaus bildet die Kammer eines der größten Unternehmensnetzwerke in Europa. Mit dem Zukunftsdialog 2030 und 2030+ hat die IHK einen strategischen Dialog über die Zukunft des Wirtschaftsstandortes eingeführt. An diesem Dialog haben sich über die Jahre weit über 1.000 Stakeholder aus allen Regionen des Wirtschaftsstandortes Oberbayern beteiligt. Und es wurden konkrete Ergebnisse erzielt, die in einer Zukunftskarte für den Standort festgehalten wurde. Im Interview mit Dr. Manfred Gößl, dem Hauptgeschäftsführer der IHK für München und Oberbayern, wird deutlich, welche Ziele mit der Initiative verfolgt werden und worauf es bei einer zukunftsgerichteten Standortpolitik ankommt.

Robert Wreschniok: Was ist im Kern der Auftrag einer IHK, warum braucht es euch? Und warum stößt gerade die IHK einen solchen Zukunftsdialog an?

Manfred Gößl: Wir sind eine öffentlich-rechtliche Körperschaft und haben mit dem IHK-Gesetz eine Mission und einen USP verliehen bekommen, den man sonst bei keiner Wirtschaftsorganisation findet: Unsere Aufgabe ist es nämlich, das Gesamtinteresse und die Gesamtverantwortung der regionalen gewerblichen Wirtschaft wahrzunehmen. Da grenzen wir uns zu anderen Verbänden ab, die in der Regel auf ihre branchenspezifischen Mitgliederinteressen fokussiert sind. Die Handwerkskammer nimmt die Interessen des Handwerks wahr, die berufsständischen Kammern setzen sich für Apotheker, Ärzte, Architekten, Ingenieure, Steuerberater, Rechtsanwälte, Wirtschaftsprüfer etc. ein. Alles hat seine Berechtigung, alles ist wichtig. Aber nur eine Organisation hat den gesetzlichen Auftrag, den Wirtschaftsstandort insgesamt in den Blick zu nehmen.

Was tut sich in der Welt? Was tut sich in der Region?

DAS GESAMTINTERESSE

Sie kann beurteilen: „Wie geht's der heimischen Wirtschaft?", „Was sind die Stärken und Schwächen?", Wie sind die Rahmenbedingungen?", Was tut sich in der Welt, was in Brüssel, was in Berlin, was in Bayern, was in der Region?" „Welche Zukunftsorientierung wird verfolgt?", also das wirklich große Bild. Darum wollen und müssen wir uns kümmern im Interesse unserer Heimatwirtschaft.

MANFRED GÖSSL

Geschäftsführer der IHK München und Oberbayern

Zur Person

Dr. Manfred Gößl wurde am 8. August 1966 in Kösching (Landkreis Eichstätt) geboren. Er ist verheiratet und Vater eines Sohns. Er studierte Betriebswirtschaft an der Fachhochschule Regensburg und Wirtschaftswissenschaften an der Universität Bremen und promovierte im Jahr 1996. Nach seinem Studium war er Geschäftsführer des Instituts für Weltwirtschaft und Internationales Management der Universität Bremen, von 1997 bis 2000 in unterschiedlichen Leitungsfunktionen bei der IHK Nordschwarzwald in Pforzheim. Seither ist er bei der IHK für München und Oberbayern aktiv und dort seit 2019 Hauptgeschäftsführer. Als bundesweit größte IHK vertritt die Münchner IHK die Interessen von rund 420.000 Mitgliedern. Dr. Manfred Gößl ist zugleich ehrenamtlicher Hauptgeschäftsführer des Bayerischen Industrie- und Handelskammertags sowie ehrenamtliches Mitglied in Aufsichtsgremien von öffentlichen Unternehmen und Einrichtungen.

Sie moderieren also den Interessensausgleich zwischen allen Playern am Wirtschaftsstandort?
Ja, das trifft es sehr gut. Wir organisieren den Interessensausgleich, den sonst die Politik zwischen den verschiedenen Interessensgruppen, auch aus der Wirtschaft, macht. Das ist mitunter schwer, weil wir zur Hälfte Solo-Selbstständige als Mitglieder haben, dann familiengeführte Kleinstbetriebe und kleine wie große familiengeführte Mittelständler, aber auch DAX-Konzerne, darunter zum Beispiel Alllianz, BMW, Münchner Rück oder Siemens. Ebenso sind die US-Techgiganten Alphabet, Amazon, Apple oder Microsoft mit ihren Niederlassungen unsere Mitglieder. Sie können sich denken, dass da mitunter die Interessen auseinander liegen. Eine tragende Rolle hat dabei die IHK-Vollversammlung, unser höchstes Organ. Das Parlament der Unternehmen wird basis-demokratisch alle fünf Jahre von den IHK-Mitgliedern gewählt. Dort ringen wir um eine gemeinsame Position und diese Position geben wir dann quasi wie ein großes Geschenk an die Politik: „Das organisierte Gesamtinteresse." Die IHK ist sozusagen ein institutionalisierter Zukunftsdialog.

Neben rund vom Staat übertragenen öffentlichen Aufgaben, etwa in der Aus- und Weiterbildung, bei Berufszulassungen, im Export, bei Corona-Hilfen oder als Träger öffentlicher Belange in Standortfragen, übernehmen wir eine zuhörende, beratende und vermittelnde Funktion. Diese Themen gehören zusammen, das macht die Kernidee von IHK aus. Und ganz in diesem Sinne haben wir den Zukunftsdialog 2030 und 2030+ organisiert.

Wir haben Solo-Selbstständige und Weltkonzerne als Mitglieder.

Wer hat sich daran beteiligt?
Gerade weil wir nicht nur Partikularinteressen für bestimmte Bereiche der Wirtschaft oder bestimmter Berufsgruppen berücksichtigen, sondern das Gesamtinteresse im Blick haben, wurden bisher über 1000 Stakeholder involviert. Darunter Vertreter und Vertreterinnen aus der Wirtschaft, der Politik, von Medien, Hochschulen und Wissenschaftler, Studierende und Aktivisten von Fridays-for-Future – also wirklich die ganze Breite der Gesellschaft. Alle haben sich gemeinsam Gedanken gemacht zu der Frage „Wie kann der Wirtschaftsstandort München und Oberbayern attraktiv bleiben und so weiter eine Magnetwirkung entfalten wie bisher?"

Die Herausforderungen der Gegenwart, nicht nur am Wirtschaftsstandort München und Oberbayern.

ZUKUNFTSDIALOG 2030+

Wenn man sich die wirtschaftliche Stärke von München und Oberbayern anschaut, ist die Frage wahrscheinlich nicht allzu schwer zu beantworten, oder?
Na ja, der Erfolg der Gegenwart ist zugleich die größte Gefahr für den Erfolg in der Zukunft. Sicher ist: Der Erfolg der Vergangenheit ist – wie die Zukunftskarte zeigt – hart erarbeitet. Bayern ist die Entwicklung zum Industrie -und Hightech-Standort nicht in die Wiege gelegt. Auch Oberbayern war vor allem landwirtschaftlich geprägt. Der Weg an die Spitze ist weitsichtiger Politik und dem Fleiß der Menschen ebenso zu verdanken wie den Flüchtlingen und Vertriebenen nach dem Zweiten Weltkrieg, die damals viel Know-how und Aufbauwillen mitgebracht haben.

Wieso das?
Nun ja, von 12 Millionen Vertriebenen kamen knapp 2 Millionen nach Bayern, das damals nur 7 Millionen Einwohner hatte. München und Oberbayern boten Schutz und Raum, um sich zu entfalten. Der Samen ging auf und ganz viel wirtschaftlicher Geist ist entstanden und dann kam eben auch kluge Standortpolitik hinzu. Das Geheimnis von München und Oberbayern und der Gesamtentwicklung ist die regionale Dynamik, die wir entfalten konnten. Wir haben zwar eine sehr starke Landeshauptstadt, gerade für Oberbayern, aber wir haben auch starke Regionen, die sich toll entwickelt haben.

In Oberbayern haben wir sogar noch die Situation, dass wenn Sie auf das „Land" rausziehen, dass das Leben dort sogar nochmal teurer werden kann, weil die Region außerhalb dann sehr schnell in die touristischen Regionen übergeht. Nehmen wir mal den Süden von München: Ob Sie da in Richtung Starnberg, Tegernsee, Rosenheim, Berchtesgaden oder nach Garmisch fahren – Sie gelangen mitten ins Urlaubsgebiet. Hinter Ingolstadt kommt nördlich das Altmühltal, das bei Touristen ebenfalls beliebt ist. Das heißt wir sind umgeben von „Es-ist-immer-was-los-Land".

Das Geheimnis der Gesamtentwicklung ist die regionale Dynamik.

Die Märkte und Potenziale im Blick behalten. Und im Dialog bleiben in anspruchvollen Zeiten.

Welche Aspekte muss man denn bei einer Standortstrategie bedenken, wenn man wirklich gesamt München und Oberbayern im Fokus hat? Und welchen Herausforderungen muss sich der Standort stellen?

Eine nachhaltige Standortstrategie muss zuallererst mal pragmatische Fragen klug beantworten. Wir sind immer noch Zuzugsregion, allerdings kommt auch durch diverse Rahmenbedingungen der Wohnungsbau nicht voran. Im Ergebnis verschärft sich der Mangel insbesondere an Mietwohnungen. Das wiederum behindert die demografisch nötige Zuwanderung an Arbeitskräften aus Deutschland, der EU und aus Drittländern. Das ist ein erstes Riesenproblem für alle Betriebe, ob das in München ist oder in den oberbayerischen Regionen. Die Perspektive in den nächsten Jahren ist, dass eher noch weniger gebaut wird, weil die Zinsen im Rekordtempo nach oben gegangen sind und die Rendite im Mietwohnungsbau unattraktiv niedrig ist, nicht zuletzt wegen staatlicher Bauvorschriften und Preisdeckel. Wo aber Wohnraum fehlt, da fehlen immer auch Arbeitskräfte.

ES-IST-IMMER-WAS-LOS-LAND

Problem Nummer zwei ist die Energiefrage. Wir sind viel zu langsam bei der Energiewende, unter anderem auch aus regulatorischen Gründen. Das Hauptproblem ist nicht das nächste Windrad, das gebaut wird, sondern die nächste Stromleitung, die wir zuerst bräuchten, damit Windräder und alle anderen dezentral verteilten erneuerbaren Energieträger auch angeschlossen werden können. Derzeit warten zum Beispiel viele kleine und große PV-Anlagen auf den Anschluss an das regionale Verteilnetz. Warum? Weil wiederum die Genehmigungsprozesse unerträglich lang sind, weil Fachkräfte Mangelware sind, weil Widerstände aus der Bevölkerung hinzukommen. Grundsätzlich wird die Energiewende akzeptiert, konkret aber dann nicht, wenn sie vor der eigenen Haustür stattfinden soll. Energiewende also ja, aber doch bitte unsichtbar in der Landschaft. So klappt's natürlich nicht mit der Energiewende. Und die Trägheit, die daraus erwächst, lähmt uns. Dabei brauchen wir eine Aufbruchstimmung. Anreize statt Verbote, Technologieoffenheit, Preisvorteile bei Eigenerzeugung oder Direktlieferverträge von Strom, niedrigere Strompreise durch Steuer- und Abgabensenkung. Wir brauchen Verlässlichkeit in den Rahmenbedingungen und die Sicherstellung der Grundlast durch neue Gaskraftwerke statt durch dreckigen Kohlestrom. In Asien oder in den USA, aber auch bei einigen europäischen Nachbarn ist die Energieversorgung deutlich günstiger für Wirtschaft und Bevölkerung und zugleich weniger CO_2-intensiv.

Also stellt sich für die Industrie die Frage: „Was machen wir hier eigentlich noch?". Das Thema verschärft sich gerade dramatisch.
Diese Abhängigkeit wird besonders deutlich seit Beginn des Angriffskrieges von Russland gegen die Ukraine: Das war ein Augenöffner, da wir gemerkt haben, dass wir eben nicht nur von Freunden, sondern mitunter von militanten Aggressoren umgeben sind, die ein anderes Wertesystem vertreten. Das heißt, jetzt sind wir gefragt, selbst die Ärmel hochzukrempeln und Alternativen zu finden – auch vor der eigenen Haustür. Die Abschaltung der funktionsfähigen Atomkraftwerke war hier absolut kontraproduktiv, ein Riesenfehler. Stichwort Bergbau: Wir haben in Deutschland und Europa unter der Erde heißes Wasser, Gas, Rohstoffe wie zum Beispiel Lithium. Haben wir die Kraft zur Selbsthilfe oder verlassen wir uns wieder nur auf Lieferländer irgendwo auf der Welt? In jedem Fall müssen wir das Lieferrisiko besser verteilen und das wird erstmal teurer.

Das Regionalprinzip als Erfolgsfaktor.

2015 FACHKRÄFTEMANGEL

Als 2015 zum ersten Mal der Zukunftsdialog gestartet wurde, wurde auch die Saturiertheit als Herausforderung beschrieben: „Uns geht es so gut, wollen wir uns überhaupt verändern?"
Ja, es ist faszinierend und wertvoll den ersten Teil der Zukunftskarte zu sehen. So viele Jahre liegt das alles nicht zurück und trotzdem hat sich sehr viel verändert. Damals beantworteten wir die Frage nach den notwendigen Schritten für eine gesicherte Zukunft unter anderem mit einer intensivierteren Zusammenarbeit mit China und Russland. Im Mittelpunkt des Energiemix der Zukunft stand noch die Atomenergie. Der Fachkräftemangel wurde und wird bis heute als zentrale Herausforderung erkannt.

2015 war Digitalisierung „nur" das dritte Standbein. Wenn man das mal mit dem aktuellen Zukunftsdialog vergleicht, da ist Digitalisierung die Basis von allem, was diskutiert wurde. Und noch spannender: Zukunft von München und Oberbayern kann – so die Teilnehmenden – ohne Nachhaltigkeit nicht mehr gedacht werden. Damit ist hier ein neues Thema reingekommen, 2015 war das noch nicht das Schwerpunktthema der Diskussion.

Jetzt sind Nachhaltigkeit und Digitalisierung die Fundamente geworden. Und heute, kein Jahr nach dem letzten Dialog, erleben wir eine dramatische Beschleunigung bei der Digitalisierung durch künstliche Intelligenz – eine disruptive Entwicklung, deren Konsequenzen für Wirtschaft und Gesellschaft wir in allen Aspekten noch gar nicht absehen können. Interessant ist, dass die berufliche Bildung im zweiten Zukunftsdialog noch mehr an Bedeutung gewonnen hat. 2015 galt noch die Annahme, die Digitalisierung werde vorwiegend die nicht-akademischen Jobs gefährden. Heute ist man der Auffassung, dass künstliche Intelligenz vor allem auch Einfluss auf die akademischen Berufe nehmen wird, die weitestgehend vor dem Computer stattfinden. Allen Macherinnen und Machern von Texten, Grafiken und Bildern, Musik und Filmen bereitet das akute Sorgen. Wohingegen die Berufe, in denen ja auch Fachkräftemangel herrscht, wie Handwerksberufe, weniger betroffen sein dürften.

Wird der Erfolg der Gegenwart zur größten Gefahr künftigen Erfolges?

Das gleiche gilt für Erziehungs- und Pflegeberufe oder Aufgaben im Gastgewerbe. Welche Haltung entwickeln wir daraus im Umgang mit künstlicher Intelligenz? Sehen wir eher Chancen und wollen vorne mit dabei sein oder überwiegen die Risiken? Gerade die EU scheint die Risikobrille aufzuhaben und kommt deshalb mit überzogenen, übervorsichtigen Vorschlägen einer Detailregulierung daher. Hoffentlich werden diese Vorschläge nicht zur gesetzlichen Realität. Aber es gibt nicht nur eine Zukunft, sondern viele potenzielle Zukunftsbilder. Es geht also auch um unsere mentale Bereitschaft, für die Zukunft offen zu sein und sie bewusst auch zuzulassen, Technologien zuzulassen und willkommen zu heißen, die uns erst mal unbekannt sind. Da muss sich Europa – und gerade Deutschland – neu aufstellen. Die IHK jedenfalls steht für „Lust auf Zukunft"!

Zukunft kann ohne Nachhaltigkeit nicht mehr gedacht werden.

Im Wettbewerb der klügsten Köpfe entfaltet sich die ganze Kraft der Diversität.

„Zukunft“ ist ein super Stichwort. Das war ja ein Prinzip des zweiten Zukunftsdialoges, dass wir bewusst gesagt haben, „Die eine Zukunft gibt es nicht“.
Und wie recht wir damit hatten, war uns zu Beginn des Dialoges selbst gar nicht bewusst. Zu Beginn hatten wir – wie beim ersten Zukunftsdialog – das Vergnügen mit Expertinnen und Experten aus Wirtschaft, Religion, Gesellschaft, Politik und Wissenschaft über die großen Trends und Treiber der Zukunft zu sprechen. Folgende Top 5 Trends haben sich aus diesen Interviews herauskristallisiert:

Trend 1
Ökologie & Klimaschutz

Trend 2
Einzug der Digitalisierung in verschiedene Lebensbereiche

Trend 3
Bevölkerungswachstum als Kostentreiber

Trend 4
Zunahme des sozialen Bewusstseins in der Arbeitswelt

Trend 5
Verschärfung des Fachkräftemangels

Als wichtigste Treiber wurden die spürbaren Konsequenzen des Klimawandels und Geschwindigkeit des technologischen Fortschritts identifiziert. Dieser inhaltliche Auftakt bot die Grundlage für eine Reihe von Workshops, die in allen Regionen Oberbayerns stattfinden sollten. Ziel war es, mithilfe von Stakeholdern aus diversen Bereichen, mögliche Zukunftsszenarien zu entwickeln. Wir hatten gerade die ersten Workshops hinter uns, aus denen wir mit zahlreichen Szenarien herausgekommen sind, da schlug Corona in unseren Dialog ein, wie ein Meteor. Das hat auch uns erstmal geschockt.

Vielleicht acht Wochen später hatten wir uns wieder gefangen und den gesamten Prozess auf einen digitalen Dialog umgestellt. So gab es Videokonferenzen mit den Teilnehmenden, die uns aus ganz Oberbayern zugeschaltet waren. Inhaltlich arbeiteten wir daran weiter, die bisherigen Ergebnisse zu verdichten. Daraus kamen vier Zukunftsszenarien hervor, die unterschiedliche Lebenswelten mit sich bringen.

Es gibt Bedürfnisse, die alle eint.

ZUKUNFTSSZENARIEN

Aber wie soll sich der Standort auf vier unterschiedliche Zukunftsszenarien vorbereiten, die teilweise so widersprüchlich wirken?
Das war genau der nächste Schritt. Die Zukunftsszenarien scheinen zwar sehr unterschiedlich, mit verschiedenen Herausforderungen und Menschen. Doch: Es gibt Bedürfnisse, die alle eint. In einem weiteren Workshop wurde daher von den Teilnehmenden ergründet, welche Bedürfnisse die Lebenswelten in allen Zukunftsszenarien gemein haben. Diese Bedürfnisse sowie die Ergebnisse, die vor Covid erzielt wurden, haben wir dann nochmal mit den gleichen Expertinnen und Experten wie zu Beginn bewerten lassen, ob diese im Kontext der Pandemie und den damit einhergehenden Entwicklungen überhaupt noch valide sind. Das war gut – einiges wurde nochmal hinterfragt und konkretisiert. So bekam Digitalisierung nach wie vor starkes Gewicht, allerdings unter der menschlichen Komponente, dass Nähe zueinander, zusammenzukommen, neue Ideen gemeinsam entwickeln, eben nicht einfach „wegdigitalisiert" werden kann.

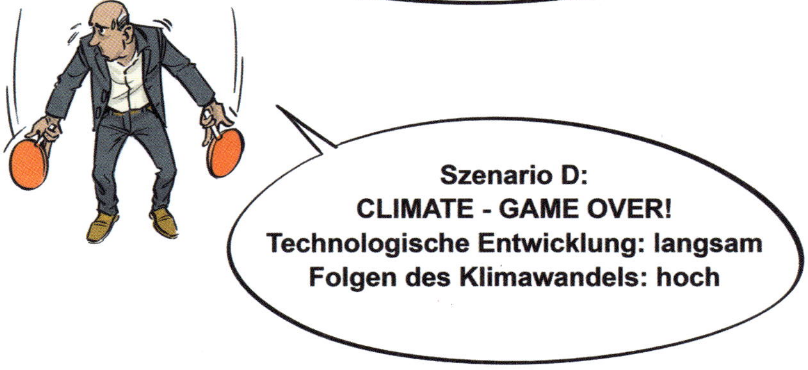

Und so hat beides gewonnen, die Digitalisierung und die Menschlichkeit – zum Glück! Jedenfalls konnten wir dann auf diesen Bedürfnissen aufbauen und als nächstes Entwicklungsfelder definieren, die Oberbayern auf alle möglichen Zukunftsszenarien vorbereiten. Ergebnis des Workshops war, dass intelligente Mobilität, Innovationen und individualisierte Bildung die Felder der Zukunft sein können. Alle drei werden durch Digitalisierung und Nachhaltigkeit angetrieben.

Zudem muss Fortschritt gefördert werden.

Intelligente Mobilität hat im mehrjährigen Zukunftsdialog eine wichtige Rolle gespielt.

Ach ja, und auf dem Zukunftsbild ist das mit einem Raketenfeld dargestellt...?
Richtig! Dabei wurden Digitalisierung und Nachhaltigkeit als die zentralen Startplattformen erkannt, auf der die drei Raketen der Mobilität, der Innovation und der Bildung startklar gemacht werden. Bei der Mobilitätsrakete war es den Teilnehmenden wichtig, dass auch über die Grenzen von München hinausgedacht wird. So haben sie auch die Landbevölkerung mitgedacht, und das Ergebnis: die Kombination der Verkehrsträger wird es machen. Autos per se sind nicht schlecht und auch ein Flugzeug ist per se nicht schlecht. Jeder Verkehrsträger schafft Optionen und Teilhabe. Die wichtige Frage ist: „Wie kann ich das Ganze so kombinieren, dass ich mich möglichst CO2-arm bewegen kann?"

Jedes Big Picture ist einzigartig, …

… weil es die einzigartige Strategie einer Organisation im Kontext des Marktes, Wettbewerbes der Megatrends und der spezifischen internen Herausforderungen erzählt. Aber alle Big Pictures sind in ihrem Aufbau vergleichbar: Man „liest" sie von links (Vergangenheit) nach rechts (Zukunft) und dazwischen findet man verlässliche Antworten auf die Fragen: Was passiert, wenn nichts passiert? Wo stehen wir uns manchmal selbst im Weg? Was sind unsere wichtigsten Initiativen in Richtung Zukunft? Woran werden wir den künftigen Erfolg erkennen?

Die Innovationsrakete steht mitunter für die Attraktivität unseres Standorts für Unternehmen, aber auch für Talente. Alphabet, Apple, Amazon, Microsoft oder IBM haben ihren Platz hier in München gefunden und arbeiten unter anderem an zukunftsentscheidenden Themen wie künstlicher Intelligenz oder Quantencomputing hier vor Ort. Auch das digitale Lagezentrum der Bundeswehr ist nach München gegangen. Ein Grund: Es gibt Köpfe und Talente in München, die besten Universitäten Deutschlands sind hier. Ein attraktiver Standort muss die besten Leute bieten, die etwas können, aber auch etwas wollen.

Zudem muss Fortschritt gefördert werden. Die jungen Leute merken jetzt schon, dass sich die Welt geändert hat und die Zeitenwende für sie bedeutet, dass sie den Wohlstand ihrer Eltern nicht mehr automatisch erreichen. Für uns gilt es heute, uns nicht auf diesem Erfolg auszuruhen – bundesweit, aber auch hier, wurde in den letzten drei Jahren eindeutig sichtbar, wo wir noch nacharbeiten müssen.

STANDORT STRATEGIE

Standortstrategie bezeichnet die politischen Maßnahmen und Entscheidungen, die auf die Förderung und Unterstützung bestimmter Branchen oder Wirtschaftszweige ausgerichtet sind. Dabei geht es darum, den Standort eines Landes wirtschaftlich zu stärken und im internationalen Wettbewerb wettbewerbsfähig zu bleiben. Eine erfolgreiche Standortstrategie erfordert eine langfristige und strategische Ausrichtung, die auf die spezifischen Bedürfnisse und Anforderungen der jeweiligen Branchen zugeschnitten ist. Wichtige Faktoren für eine erfolgreiche Standpolitik sind eine gezielte Förderung von Innovation und Forschung, eine moderne Infrastruktur sowie eine qualifizierte Arbeitskräftepolitik. Die politischen Entscheidungsträger müssen in der Lage sein, die Auswirkungen ihrer Entscheidungen auf die Wirtschaft und die Gesellschaft genau abzuschätzen, um langfristige Erfolge zu erzielen und den Standort langfristig zu stärken.

Und zuletzt ist die Bildung das Fundament eines jeden erfolgreichen Standorts weltweit. Da müssen wir schauen, dass wir den Bedarf gerade auch in den Bereichen erfüllen, wo derzeit Fachkräftemangel herrscht. Das betrifft fast alle Ausbildungsberufe. Hier sehe ich große Chancen unter anderem in der Zuwanderung. Es gilt proaktiv Integration zu betreiben. Das betrifft sowohl unsere Willkommenskultur als auch die Art und Weise, wie wir diese Potenziale, die mit den Menschen kommen, fördern. So können wir es schaffen eine Win-Win-Situation herbeizuführen. Dazu gehört es meiner Ansicht nach auch, die personellen Ressourcen sowie die Ausstattung in den Schulen drastisch auszubauen. So schaffen wir es auch, lernschwächeren Schülerinnen und Schülern eine Förderung zu bieten, die auf ein eher praxisorientiertes Lernen setzt. Das würde auch dabei helfen, die Affinität für eine Ausbildung zu wecken und den Weg in praktische Tätigkeiten zu ebnen.

Digitalisierung war im zweiten Zukunftsdialog bereits Basis für alle weiteren Diskussionen.

Wie geht es Ihnen jetzt, wenn Sie auf den Dialogprozess zurückblicken?
Es ist einfach sehr schön diese Entwicklung zu sehen, über fast zehn Jahre jetzt von 2015 bis 2023 – acht Jahre Zukunftsdialog 2030+. Und natürlich gibt es sicherlich noch viele andere Visionen für die Zukunft von Oberbayern – als nächstes steht die Klimaneutralität als Ziel am Horizont oder eine neue Weltordnung, in der wir versuchen friedlich, aber auch nicht naiv mit unseren Partnern zusammenzuarbeiten. Dies müsste in einem weiteren Zukunftsdialog ergründet werden. Ich bin auf jeden Fall gespannt, wie wir gemeinsam mit Wirtschaft, Wissenschaft, Politik und Gesellschaft als IHK für München und Oberbayern die Zukunft in unserem wunderbaren Wirtschaftsstandort gestalten werden.

EINE NEUE WELTORDNUNG

Bildungsgerechtigkeit wurde als weiterer Schlüssel für die Zukunftsfähigkeit erkannt. Hier spielte das Thema Diversität eine große Rolle.

Leben und leben lassen!
20.000 ARBEITSPLÄTZE MEHR?! JA, SEID'S NARRISCH?
BILANZ: PASST!
EXPANSIONSPLÄNE
MEI, GEHT'S UNS GUAD!
VERTRIEBENE AUS OSTEUROPA
1945
UNTERNEHMERGEIST, INDUSTRIELLES KNOW-HOW
MÜNCHEN
WAS MACH I JETZ MIT DENE OLLE?
WOHER BEKOMME ICH NUR FACHKRÄFTE FÜR MEINEN BETRIEB?
HERAUSFORDERUNG ZUWANDERUNG & FACHKRÄFTEMANGEL
DUALE AUSBILDUNG
ERFOLGREICHE UNTERNEHMEN BINDEN SICH AN OBERBAYERN
ZUWANDERUNG UND WACHSTUM
SIEMENS
MÜNCHEN
BMW
AUDI
INGOLSTADT
MITTELSTAND IN DER REGION
TECHNIK-SPRUNG
DISRUPTIVE GESCHÄFTSMODELLE
POLITIK
INVESTITIONEN
INDUSTRIALISIERUNG
1957
1972
MAIN-DONAU-KANAL
FLUGHAFEN UND MESSE MÜNCHEN RIEM
FEHLENDE ZUKUNFTSKONZEPTE
MANGEL AN BEZAHLBAREM WOHNRAUM
RISIKEN
DAX
Allianz
Linde
Munich RE
DAX-UNTERNEHMEN
MITTELSTAND
LEBENSQUALITÄT
EXZELLENZ UNIS
HOCHSCHULE
HOCHSCHULEN
INGOLSTADT
ROSENHEIM, WEILHEIM-SCHONGAU
KRAFTZENTRUM MÜNCHEN
CHEMIE DREIECK
START-UPS
MÜHLDORF
HIGH-TECH-DÜNGER
DEMOGRAFISCHER WANDEL
FLÄCHENKNAPPHEIT
UMWELTBELASTUNG
KONJUNKTURRISIKEN
OH MEI, SCHAUG DA AMOI DE GANZ'N PROBLEME O!
BERLIN IST ZEHN MA' COOLER, WA?
ICH WÜRDE JA GERNE WIDERSPRECHEN, ABER ICH MUSS JETZT ZUM KUNDEN ...

a san mia!
STARTUP-KULTUR
DIVERSITÄT
INVESTITION IN GRUNDLAGEN-FORSCHUNG
ARBEITSVERTRAG WORK-LIFE BALANCE
ARBEITSVERTRAG FAMILIEN-KOMPATIBEL
ARBEITS-VERTRAG FLEXIBEL
NACH-HALTIGKEIT
ENTWICKLUNGS-HUB OBERBAYERN
OBERBAYERN 2030: HIER WIRD NICHT GEFRAGT, WOHER MAN KOMMT, SONDERN WOHIN MAN WILL.
Zukunftscafé
Zukunftslabor Stellwerk 18
INITIATIVEN ARBEIT & BILDUNG
WIRTSCHAFT
PRAXIS
THEORIE
SCHULE
KOOPERATION SCHULE & WIRTSCHAFT
STÄRKUNG DUALE AUSBILDUNG
NACHHALTIGKEIT & DIGI
INTELLIGENTE MOBILITÄT
INNOVATIONEN
DIGITALISIERUNG SCHULEN & BILDUNG
FÖRDERUNG START-UPS
INITIATIVEN DIGITALISIERUNG
INITIATIVEN MOBILITÄT
MOBILITÄTS-KONZEPTE
VERNETZT & INNOVATIV
eMOBILITY
NETZ-WERK BILDUNG
FLEXIBLE ARBEITS-MODELLE
SOCIAL MEDIA
AUSBAU NAHVERKEHR
SHARED SERVICES
A9 - DIGITALE AUTOBAHN
INFRASTRUKTUR
INVESTITIONEN
BREITBAND INTERNET
ARBEITSPLATZ
ERE/JAHR
490.000 PENDLER
N WEIDA! SCHAUG DA DE GANZ'N ANCEN O!
PLANUNGSSTAB ZUKUNFT
AUF GEHT'S, PACK MAS O!
AUSSICHTSPLATTFORM INTERNATIONALE INVESTOREN

Ökologie & Klimaschutz
Einzug der Digitalisierung in verschiedene Lebensbereiche (z.B. Gesundheitssystem, Arbeitswelt)
Bevölkerungswachstum als Kostentreiber (Lebenshaltung/ Mieten)
Zunahme des sozialen bewusstseins in der Arbeitswelt (CSR, Work-Life-Balance, Werte- und Sinnsuche in der Arbeit)
Verschärfung des Fachkräftemangels
HÜGEL DER WEISHEIT
Zukunftscafé
Zukunftslabor Stellwerk 18
COVID-19-IMPACT
Zukunftslabor Steelcase
ARBEITS-VERTRAG FLEXIBEL
NACHHALTIGKEIT
ENTWICKLUNGSCLUB OBERBAYERN
WIRTSCHAFT
PRAXIS
KOOPERATION SCHULE & WIRTSCHAFT
STÄRKUNG DUALE AUSBILDUNG
NACHHALTIGKEIT & DIGITALISIERUNG
INTELLIGENTE MOBILITÄT
INNOVATIONEN
INDIVIDUALISIERTE BILDUNG
INITIATIVEN MOBILITÄT
MOBILITÄTS-KONZEPTE
eMOBILITY
SOCIAL MEDIA
AUSBAU NAHVERKEHR
SHARED SERVICES
ECONOMIST
WIRTSCHAFT
POLITIK
Szenario A:
NEUE WELT
Technologische Entwicklung: schnell
Folgen des Klimawandels: gering
Szenario C:
WEITER SO - MIT RISIKO!
Technologische Entwicklung: langsam
Folgen des Klimawandels: gering
Nähe & Austausch
AUSSICHTSPLATTFORM INTERNATIONALE INVESTOREN

3G
Kaminabend
FACHKRÄFTE-MANGEL
POLITISCHE DISKUSSIONEN
INNOVATIONEN
INDIVIDUALISIERTE BILDUNG
Virtuelle Ideenwerkstätte
Fachgremium
K.I.
Chancengerechtes Bildungsangebot
Bedarfsorientierter Fachkräfteeinsatz
Lebenswert
Innovationsfördern-des Ökosystem
Nachhaltig/ Klimaneutral
Flexible Arbeitszeiten und Arbeitsmodelle
Technologieführend
Technologieoffen
Wirtschaftlich resilient
Effizient (steigernd)
Individuelle Aus- und Weiterbildungs-möglichkeiten
Szenario B:
EMPÖRT EUCH UND HANDELT!
Technologische Entwicklung: schnell
Folgen des Klimawandels: hoch
Szenario D:
CLIMATE - GAME OVER!
Technologische Entwicklung: langsam
Folgen des Klimawandels: hoch
NACHHALTIGKEIT
DIGITALISIERUNG
Stabilität & Sicherheit durch digitales & soziales Umfeld
Individuelle Weiterbildungsmöglichkeiten

Ein digitaler Weg, die Menschen mit auf die Reise zu nehmen.

Über die Beschleunigung von Strategie

DAY7 ist eine Acceleration Plattform für Transformations- und Strategieprozesse und ein Spin-off der Schweizer Unternehmensgruppe TATIN. Mit einem Fokus auf die Beteiligung der gesamten Organisation ermöglicht DAY7 es, Menschen in komplexen Veränderungsprozessen mit an Bord zu nehmen und den Wandel mess- und skalierbar zu machen. Durch die Methodik und den Einsatz von „Tiny Interventions" unterscheidet sich DAY7 von anderen klassischen Change- und Transformationsangeboten auf dem Markt. In diesem Interview erläutert die Geschäftsführerin, Lisa Kirberg, wie DAY7 Unternehmen dabei unterstützt, soziale Dynamiken und den „Know-Do-Gap" zu überwinden und so ihre Strategien erfolgreich umzusetzen und ihre Ziele zu erreichen.

Robert Wreschniok: Lisa, Du bist CEO von DAY7, einem Start-up mit dem Motto „We fast-track your corporate transformation". Was bietet Ihr genau an?
Lisa Kirberg: DAY7 ist eine Acceleration, also eine Beschleunigungs-Plattform für Transformations- und Strategieprozesse. Wir haben einen Weg gefunden, die Menschen in komplexen Veränderungsprozessen an Bord zu holen und das Ganze auch noch messbar und skalierbar zu machen. Bei unserer Arbeit legen wir einen starken Fokus auf Prozesse, die das Denken entlang von Stärken, Kompetenzen und Erfahrungen lenken. Denn dadurch ermöglichen wir es jedem einzelnen Mitarbeitenden in einer Organisation, systematisch einen intuitiven Zugang zu den zentralen Themen und Fragestellungen des jeweiligen spezifischen strategischen Projektes zu erhalten.

Es geht also um Wissensvermittlung?
Und darüber hinaus. Denn wir unterstützen sie gleichzeittg dabei, herauszufinden, wo genau sie ihre eigenen Stärken am besten einbringen können.

Kling wie das Zauberschwert der Strategie-Aktivierung.
Ja, aber der Weg zur heutigen Lösung war wirklich alles andere als einfach. Ursprünglich hatten wir die Vision, ein umfassendes digitales Ökosystem für Change Management zu entwickeln. Sozusagen das Salesforce für den digital beschleunigten Wandel in Unternehmen. Aber manchmal kommt es eben anders, als man denkt. Stattdessen haben wir unser Nischenprodukt entdeckt.

LISA KIRBERG

CEO der DAY7 GmbH

Zur Person

Lisa Kirberg ist seit Februar 2021 CEO der DAY7 GmbH, einem Unternehmen, das Organisationen weltweit dabei unterstützt, ihre Strategie- und Transformationsvorhaben zu beschleunigen. Ihr Hintergrund ist in den Bereichen Strategie, Transformation und Leadership angesiedelt. Vor ihrer Tätigkeit bei DAY7 war Lisa Kirberg Geschäftsführerin eines Beratungsunternehmens, das auf Leadership spezialisiert ist, wo sie ihre Fähigkeiten in den Bereichen agile Führung und Management weiterentwickelte. Zuvor sammelte sie umfangreiche Erfahrungen als Senior Consultant und Consultant in München und Ottawa.

Lisa Kirberg absolvierte einen Master of Business Administration (MBA) an der Technischen Universität München. Darüber hinaus studierte sie an der Tsinghua University School of Economics and Management in China und der Universidad de Buenos Aires.

We fast-track your corporate transformation.

ACCELERATION

Nischenprodukt?
Wir haben Antworten auf scheinbar einfache, aber oft nicht ausreichend beantwortete Fragen gefunden: Wie nehmen wir die Menschen mit auf die Reise? Wie schaffen wir es, Strategie und Transformation so zu vermitteln, dass alle verstehen, wohin die Reise geht und sich persönlich für die gemeinsamen neuen Ziele voll einbringen? Wir setzen somit auf eine tiefgreifende Beteiligung der gesamten Organisation. Wir haben erkannt, dass es entscheidend ist, dass alle Beteiligten nicht nur die Strategie und die damit verbundenen Veränderungen verstehen, sondern sich auch persönlich damit identifizieren und aktiv daran mitwirken können.

Wie unterscheidet sich Euer methodischer Ansatz von anderen, klassischen Change- und Transformationsangeboten im Markt?
Unser Unternehmen lebt nach einer Philosophie, die wir mit einem Zitat von Ghandi auf den Punkt bringen können: „Action expresses priorities“ – Unsere Handlungen zeigen, was uns wirklich wichtig ist. Egal, welches ehrgeizige Ziel Du Dir vornimmst – sei es exponentielles Wachstum, bahnbrechende Innovationen, die Schaffung einer neuen dynamischen Unternehmenskultur, die Verbesserung der Führungsqualitäten oder die Implementierung eines nachhaltigen Managementsystems – Du wirst feststellen, dass bestimmte Verhaltensweisen für die Erreichung dieser Ziele förderlich sind. Gleichzeitig stößt man aber auch immer auf Verhaltensweisen, die uns daran hindern, unsere Ziele zu verwirklichen.

Verhalten verändern. Ihr bohrt dicke Bretter.
Diese Verhaltensweisen in einer Organisation sind Teil von „sozialen Dynamiken“. Hier setzen wir uns von anderen Marktteilnehmern deutlich ab: Durch unsere langjährige Erfahrung haben wir einen Ansatz entwickelt, der einen schnelleren und nachhaltigeren Wandel in Organisationen ermöglicht, indem er diese sozialen Dynamiken und den „Know-Do-Gap“ durchbricht.

Das mittlere Management trägt die Hauptlast der Veränderung und rudert häufig alleingelassen im steten Strom der nie endenden Arbeit.

SOZIALEN DYNAMIKEN

Unsere Handlungen zeigen, was uns wirklich wichtig ist.

Interessant. Was verstehst Du unter sozialen Dynamiken? Kannst Du da konkrete Beispiele nennen?
Ich fange mal bei den sozialen Dynamiken an: Stell Dir vor, die neue Strategie wird im Unternehmen eingeführt und schon trifft man auf eine bunte Mischung von Mitarbeitenden und Führungskräften, die alle unterschiedliche Mindsets haben und dementsprechend unterschiedlich reagieren. Es ist wie ein bunter Strauß an Bedürfnissen, Perspektiven und Bedenken, den man erhält. Hier mal beispielhaft zwei Auszüge aus den vielen sozialen Dynamiken, die oft dazu führen, dass strategische Ambitionen im Keim erstickt werden. Es ist wichtig, diese Dynamiken zu erkennen und ihnen mit einer passenden Herangehensweise entgegenzutreten, um den Erfolg von Veränderungen und Projekten zu gewährleisten:

Der einmalige Comic Stil hilft auch bittere Wahrheiten offen zu adressieren. Und zum Nachdenken und Handeln zu anmieren.

Beispiel 1
Einige Führungskräfte und Mitarbeitende sind davon überzeugt, dass der bisherige Ansatz am besten funktioniert hat und dass neue Ideen nicht erforderlich sind. Diese soziale Dynamik führt oftmals zu einer trägen und wenig agilen Organisation.

Beispiel 2
Innovative Ansätze werden nicht ernst genommen oder sogar abgelehnt, weil Führungskräfte sich mit dem Status quo wohlfühlen. Diese Dynamik bedingt häufig eine Stagnation der Innovationskraft des Unternehmens.

Im Silo (Buchstabe S) agieren nicht immer alle nach dem Motto: Wie können wir uns das Leben leichter machen?

Uns ist bewusst, dass es für Menschen oft einfacher ist, durch neues Verhalten zu einem neuen Denken zu gelangen – und genau das ist unser Ansatz. Im Gegensatz zu herkömmlichen Methoden, die auf die Vermittlung von Wissen setzen, sei es in Form von Seminaren, Trainings oder Kursen, gehen wir einen Schritt weiter. Wir haben uns darauf spezialisiert, die Frage zu stellen, warum das erlangte Wissen im Alltag oft nicht so angewendet wird, wie es eigentlich sein sollte. Genau das beschreibt der „Know-Do-Gap". Im Allgemeinen wissen wir viel mehr, als wir tatsächlich umsetzen. Ein anschauliches Beispiel dafür ist die Bedeutung von Wertschätzung. Wir alle sind uns bewusst, wie wichtig sie ist und was sie bedeutet. Doch warum ist es dann trotzdem ein derart großes Problem in Unternehmenskulturen, echte Wertschätzung zum Ausdruck zu bringen und in der Organisationskultur zu verankern? Die Gründe liegen nicht darin, dass die Menschen es nicht wollen, sondern oft darin, dass ihnen die Zeit fehlt oder sie das Gefühl haben, dass ihnen der angemessene Rahmen dafür nicht gegeben wird – dass ihnen gewissermaßen die „Licence to operate" dafür fehlt.

Okay, klingt nach James Bond. Und wie gebt Ihr ihnen die Lizenz zum Wertschätzen zurück?
Bei DAY7 gehen wir einen anderen Weg. Unser Ziel ist es nicht nur, Wissen zu vermitteln, sondern es direkt im Alltag anzuwenden. Wir setzen auf sogenannte Tiny Interventions – kleine Interventionen, die große Veränderungen bewirken. Das dahinterstehende Prinzip ist denkbar einfach. Wir ermöglichen es Führungskräften und ihren Teams, neues Verhalten direkt im Alltag umzusetzen und dadurch ihre Ziele schneller zu erreichen. Und das Beste daran? Dafür ist keinerlei Vorbereitung erforderlich, nicht einmal ein zusätzliches Meeting. Alles findet im Rahmen der bereits etablierten Meeting-Strukturen statt. Es braucht also keine organisatorische Vorbereitung, keine zusätzlichen Workshops, keine Terminkoordination und es gibt auch keine Einschränkungen, denn die Tiny Interventions funktionieren vor Ort, online und hybrid. Es gibt auch keine Notwendigkeit, Flipcharts oder Post-its zur Verfügung zu stellen. Außerdem bekommt jeder Teilnehmende am Ende Zugang zu den Ergebnissen.

TINY INTERVENTIONS

Das dahinter stehende Prinzip ist denkbar einfach.

Okay, verstehe. Direkte Anwendung im Alltag, statt erst im Seminar üben, um es später in der Praxis anzuwenden?
Und dabei diejenigen Verhaltensweisen zu nutzen, die sich als besonders erfolgversprechend erweisen. Das Ganze beginnt natürlich schon mit 1-10 Teams, zum Beispiel in einem zentralen Projekt Office bis zur gesamten Organisation. Arbeiten an den Themen, die uns sonst aufhalten würden... sofort und ohne langwierige Vorbereitung. Daher lautet unser Motto: „We fast-track your corporate transformation" – wir beschleunigen den Wandel im Unternehmen.

Sehr spannend. Und wie geht Ihr genau vor?
Unser Ansatz funktioniert in drei Schritten, die sicherstellen, dass die Strategie erfolgreich umgesetzt wird und das Unternehmen seine Ziele erreicht:

Schritt 1
Normalerweise kommen wir in das Unternehmen, wenn bereits eine abstrakte, oft komplexe Strategie vorhanden ist. Das kann eine Wachstumsstrategie, eine Leadership-Strategie oder etwas Ähnliches sein. Unser Ziel ist es, diese Strategie in ein **greifbares und verständliches Konzept** zu übersetzen. Wir wollen sicherstellen, dass alle Mitarbeitenden die Bedeutung und den Nutzen dieser Strategie verstehen. Denn nur wenn das gesamte Team das Ziel kennt und darauf hinarbeitet, kann eine erfolgreiche Umsetzung gewährleistet werden.

Schritt 2
Im zweiten Schritt **übersetzen wir das Ziel der Strategie in ein Big Picture**, das eine spannende Geschichte über die Zukunft des Unternehmens erzählt. Das Big Picture beantwortet im Kern zwei wichtige Fragen: Warum braucht es diese Strategie und was passiert, wenn wir sie nicht erreichen? Zudem definieren wir genau, was wir mit dieser Strategie erreichen wollen und welches Zielbild wir vor Augen haben. Indem wir die strategische Ausrichtung in eine inspirierende Geschichte verpacken, schaffen wir eine klare Vision und Motivation für alle Beteiligten.

Schritt 3
Das Big Picture bildet schließlich das Fundament für **unsere Plattform, auf der die gesamte Organisation gemeinsam an der Umsetzung arbeitet**. Die Plattform bietet eine interaktive und kollaborative Umgebung, in der die Mitarbeitenden aktiv die sozialen Dynamiken erkennen, ansprechen und nutzen, die normaler Weise in 80% der Fälle zu einer Verzögerung oder einem nicht erreichen, der gesetzten strategischen Ziele führen. Sie ermöglicht zudem einen kontinuierlichen Austausch, das Teilen von Ideen und Erfahrungen sowie die Verfolgung der Fortschritte. Durch die Zusammenarbeit auf der Plattform wird die Strategie lebendig und greifbar gemacht, sodass die Mitarbeitenden mit Begeisterung und Engagement an der Umsetzung mitwirken.

TINY INTER VENTIONS

In den letzten Jahren hat eine neue Kategorie von Business Literatur für Aufsehen gesorgt. Bücher wie Tiny Habits, Atomic Habits oder die 1%-Methode argumentieren, dass Veränderung im Großen durch minimale Justierung im Kleinen ermöglicht wird. Allen in den Büchern beschriebenen Ansätzen ist jedoch gemein, dass sie auf den einzelnen Akteur abzielen. Also Methoden bieten, wie man selbst an sich, seiner Motivation, seinen Zielen oder Vorsätzen arbeiten kann. Mit dem Ansatz der Tiny Interventions ist es erstmals gelungen die neue Methodik aus Sicht der Organisationsentwicklung zu denken. Wie können Verantwortliche für Unternehmensentwicklung, Transformation und Change in der Organisation dieses neue Denken nutzen, um ganze Organisationen, Division, Bereiche, Abteilungen und Teams systematisch in ihrer Weiterentwicklung zu unterstützen. Möglich wurde diese Entwicklung mit dem digitalen Fortschritt. Ein Nebeneffekt: Bisher schwer Greifbares, wie z.B. kulturelle Entwicklung von Unternehmen zu messen, ist auf einmal möglich und das nicht nur durch Puls Checks am Ende des Jahres, sondern in Echtzeit im laufenden Prozess. In Minuten können sich die Verantwortlichen einen Überblick verschaffen entlang von Hierachiestufen, Unternehmensbereichen, Altersgruppen und Teams.

Ihr legt also großen Wert auf Kontext, bevor Ihr aktiv werdet?
Unser dreistufiger Ansatz gewährleistet, dass die Strategie nicht nur als abstrakte Vorgabe bleibt, sondern von allen Mitarbeitenden verstanden, unterstützt und aktiv umgesetzt wird. Durch die klare Kommunikation des Zwecks, der Ziele und des Nutzens der Strategie schaffen wir ein gemeinsames Verständnis und Engagement im gesamten Unternehmen. Die Plattform dient als effektives Werkzeug, um die Umsetzung zu erleichtern, den Austausch zu fördern und die Strategie in die Praxis umzusetzen. So erreichen wir eine nachhaltige und erfolgreiche Transformation des Unternehmens.

Die Plattform dient als effektives Werkzeug, um die Strategie in die Praxis umzusetzen.

Die Vision: Eine moderne Organisation. Alle verstehen, wohin die Reise geht. Sie wissen, wie sie ihre Stärken und Erfahrungen einbringen können. Sie sehen ihren Beitrag zum Erfolg und arbeiten dabei gut und gerne zusammen.

Ich verstehe. Aber wie funktioniert das im hektischen Alltag?

Im typischen Arbeitsalltag bleibt oft nur wenig Zeit, um sich auf Transformationsziele zu konzentrieren. Tatsächlich sind es nur etwa 1% der Zeit, die zusätzlich zum Tagesgeschäft für Transformationsaufgaben zur Verfügung stehen. Das entspricht etwa 25 Minuten bei einer 40-Stunden-Woche. Auf den ersten Blick mag das wie eine knappe Ressource erscheinen, aber wenn diese 25 Minuten gezielt genutzt werden, können sie einen erheblichen Mehrwert schaffen und das Tagesgeschäft aus einer transformatorischen Perspektive vorantreiben. Bei DAY7 setzen wir auf das Prinzip der Tiny Interventions, um sicherzustellen, dass diese kostbare Zeit effektiv genutzt wird.

Und wofür werden die 25 Minuten konkret genutzt?

Wir sorgen dafür, dass die Mitarbeitenden sehr fokussiert Zeit finden, sich um die Themen zu kümmern, die in jeder normalen Transformation unter den Tisch und damit den Leuten vor die Füße fallen: Fehlende Abstimmung, schlechtes oder nicht vorhandenes Feedback, mangelnde Wertschätzung, Verantwortung, die an den Bereichsgrenzen endet usw. Wir geben den Teams die Mittel an die Hand diese Themen für sich positiv zu beantworten. Dadurch werden transformative Veränderungen in kleinen Schritten vorangetrieben und nachhaltig im Unternehmen verankert. Indem wir die vorhandene Zeit bewusst und zielgerichtet nutzen, können wir eine Kultur der kontinuierlichen Verbesserung schaffen und sicherstellen, dass Transformationsziele im Tagesgeschäft aktiv verfolgt werden.

Und welche Unternehmen nutzen das Angebot?
Unsere Lösungen werden in 15 Branchen für 380.000 Mitarbeitende und mehr als 26.000 Führungskräfte eingesetzt, was unsere umfassende Expertise und Flexibilität in der Anpassung an unterschiedliche Unternehmenskontexte demonstriert. Damit Du eine bessere Vorstellung bekommst, gebe ich Dir mal ein paar aktuelle Beispiele:

HYBRIDE PROZESSE UNTERSTÜTZEN

Beispiel 1 / Banken
In Zusammenarbeit mit einer Bank begleiten wir derzeit deren Turnaround-Prozess, der sich auf 4.800 Mitarbeitende in fünf Ländern erstreckt. Durch die Nutzung unserer Plattform können wir sicherstellen, dass die Transformation effektiv umgesetzt wird und die Mitarbeitenden aktiv daran teilhaben, das angestrebte Ziel zu erreichen.

Beispiel 2 / Energiekonzerne
Für einen internationalen Energiekonzern begleiten wir die italienische Einheit bei ihrer Transformation zum grünen Energieversorger. In einem hybriden Prozess unterstützen wir dabei, die Vision für die Mitarbeitenden und Führungskräfte greifbar zu machen, alle dahinter zu vereinen und ein echtes Gemeinschaftsgefühl zu entwickeln. Bereits im ersten Jahr des Prozesses konnten wir somit knapp 90% der Organisation erreichen und mitnehmen.

Beispiel 3 / Versicherungen
Ein weiteres Beispiel ist die konzernweite Einführung neuer Leadership-Prinzipien bei einer Versicherung. In über 86 Ländern arbeiten wir eng mit den 18.000 Führungskräften zusammen, um sicherzustellen, dass die neuen Prinzipien verstanden und gelebt werden. Dadurch wird eine einheitliche Führungsphilosophie im gesamten Unternehmen etabliert.

Jedes Big Picture spricht ...

... Wahrheiten aus, die man in den wenigsten Unternehmenskulturen offen adressieren, geschweige denn verschriftlichen würde. Im Big Picture werden sie stattdessen gezeichnet. Aus einem Vor-wurf, wird ein Vor-bild. Eine szenische Darstellung, die man gemeinsam entdecken und kommentieren kann. Die idealen Bedingungen, um alles, was uns das (Arbeits-) Leben häufig schwer macht, offen anzusprechen und von einem neutralen Startpunkt ausgehend gemeinsam anzupacken.

Bereits im ersten Jahr konnten wir knapp 90% der Organisation erreichen.

BEDÜRFNISSE BERÜCKSICHTIGEN

Ich sehe keinen Branchen-Fokus. Ihr funktioniert überall?
Diese verschiedenen Kundenbeispiele zeigen, dass unsere Lösungen auf individuelle Herausforderungen zugeschnitten sind, aber dennoch eine gemeinsame Grundlage haben. Alle diese Unternehmen haben bereits in der Vergangenheit erlebt, dass ihre Strategien nicht die gewünschten Ergebnisse erzielt haben, weil sie nicht effektiv bei den Führungskräften und Mitarbeitenden angekommen sind.

Unsere Tiny Interventions bieten eine Lösung für dieses Problem, indem sie sicherstellen, dass die strategischen Botschaften und Ziele auf allen Ebenen des Unternehmens verstanden, akzeptiert und umgesetzt werden. Indem wir die Bedürfnisse und Perspektiven der Mitarbeitenden berücksichtigen und Bedenken konstruktiv angehen, schaffen wir eine gemeinsame Vision und Motivation, die den Erfolg der Strategie unterstützt.

Unsere Lösungen sind auf individuelle Herausforderungen zugeschnitten.

Unser Ansatz ist nicht auf bestimmte Branchen beschränkt, sondern universell anwendbar. Egal ob Banken, Automotive oder andere Unternehmen aus verschiedenen Sektoren – unsere Plattform kann erfolgreich in jedem Unternehmenskontext eingesetzt werden.

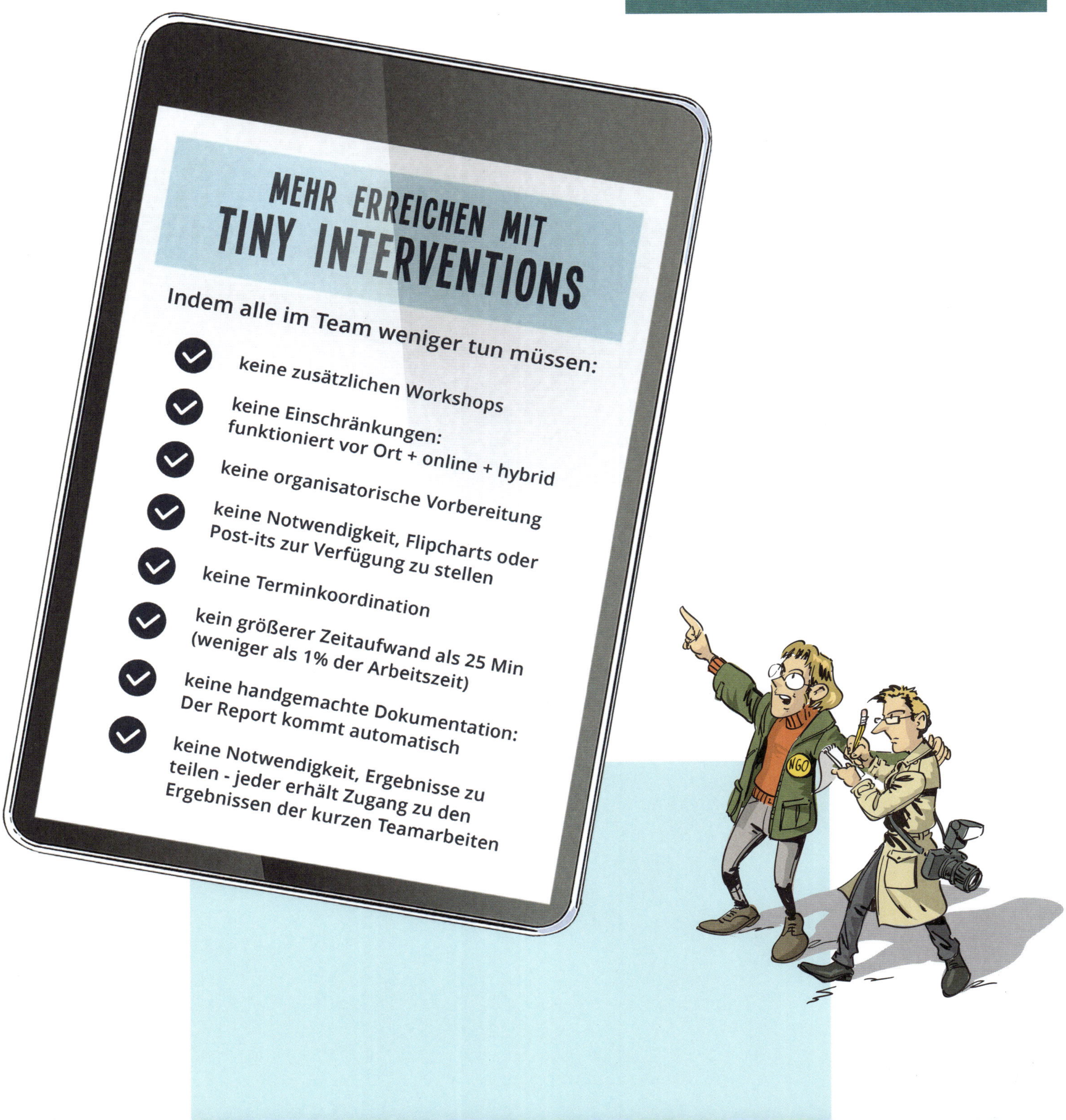

Im Fluss

CORP
ORATES
TRATEG
STRATEGY
Z
„Follow the guidelines!"
„Stick to the messages!"
„Bring in your knowledge!"
„Cut the costs!"
„Convince me!"
„Give me guidance and motivate me!"
„Deliver your action points!"
Vertriebsoffensive XXII
„Bring in your knowledge!"
„Share the strategy!"
„Lead the team!"
„Hear my idea!"
A
AUFTRAG
Z
PRODUKTION
VERTRIEB
EINKAUF

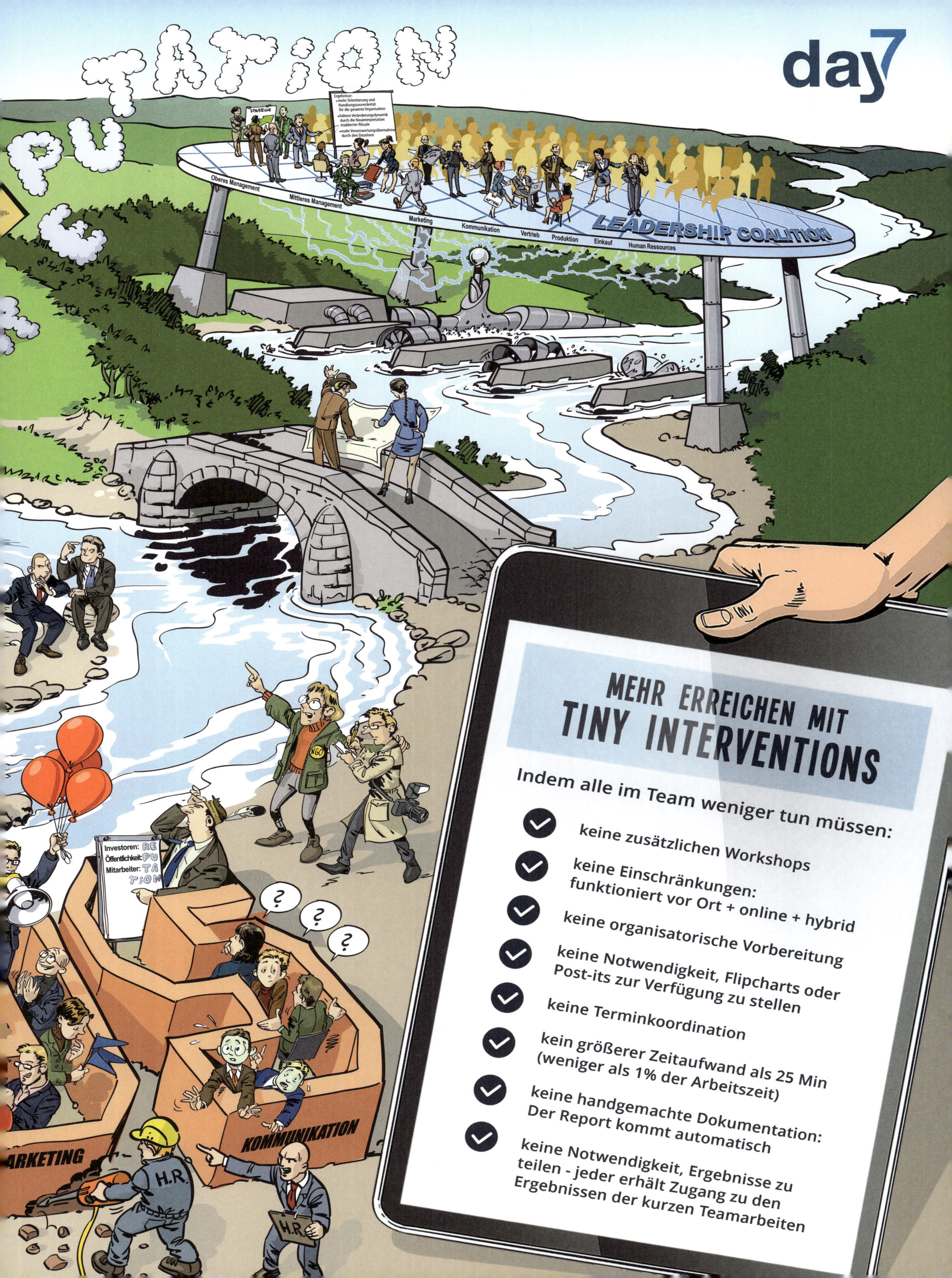

PUTATION
day7
LEADERSHIP COALITION
Oberes Management
Mittleres Management
Marketing
Kommunikation
Vertrieb
Produktion
Einkauf
Human Ressources
NGO
Investoren: RE
Öffentlichkeit: PU
Mitarbeiter: TA TION
?
?
?
ARKETING
KOMMUNIKATION
H.R.
H.R.
MEHR ERREICHEN MIT
TINY INTERVENTIONS
Indem alle im Team weniger tun müssen:
keine zusätzlichen Workshops
keine Einschränkungen: funktioniert vor Ort + online + hybrid
keine organisatorische Vorbereitung
keine Notwendigkeit, Flipcharts oder Post-its zur Verfügung zu stellen
keine Terminkoordination
kein größerer Zeitaufwand als 25 Min (weniger als 1% der Arbeitszeit)
keine handgemachte Dokumentation: Der Report kommt automatisch
keine Notwendigkeit, Ergebnisse zu teilen - jeder erhält Zugang zu den Ergebnissen der kurzen Teamarbeiten

Wie eine Bank im Norden ein Stück deutsche Wirtschaftsgeschichte schrieb.

Vom Sanierungsfall zu einer der wertvollsten Banken der Welt

Mit der Privatisierung der HSH Nordbank in 2018 wurde ein Stück deutsche Wirtschaftsgeschichte geschrieben. Stefan Ermisch war in dieser Phase in entscheidender Verantwortung. Er hat die Privatisierung und die daran anschließende Transformation unter dem Namen Hamburg Commercial Bank (HCOB) zu einer erfolgreichen, privaten Geschäftsbank geführt. In seiner Amtszeit gelang es Stefan Ermisch und dem gesamten Team der HCOB in nur vier Jahren aus dem Unternehmen, das vor der Pleite gerettet werden musste, eine der 500 wertvollsten Banken der Welt zu formen.

Robert Wreschniok: Die erste Landesbank in Deutschland privatisieren – War das schon immer ein Ziel, dass Sie verfolgt haben?

Stefan Ermisch: Das hat sich ergeben und ist auch ein wenig durch meine Biografie zu erklären. Ich komme aus der Privatbanken-Welt, war in jungen Jahren im Top-Management der HypoVereinsbank in München, dann im Vorstand der Bank Austria in Wien, im Executive Committee der Unicredit Group in Mailand, im Vorstand der HVB wieder in München und dann – ganz entscheidend, um den Schritt zur HSH Nordbank zu erklären – war ich drei Jahre lang bei der Bayerischen Landesbank als Finanzvorstand und stellvertretender CEO.

Es gibt in der Governance massive Probleme.

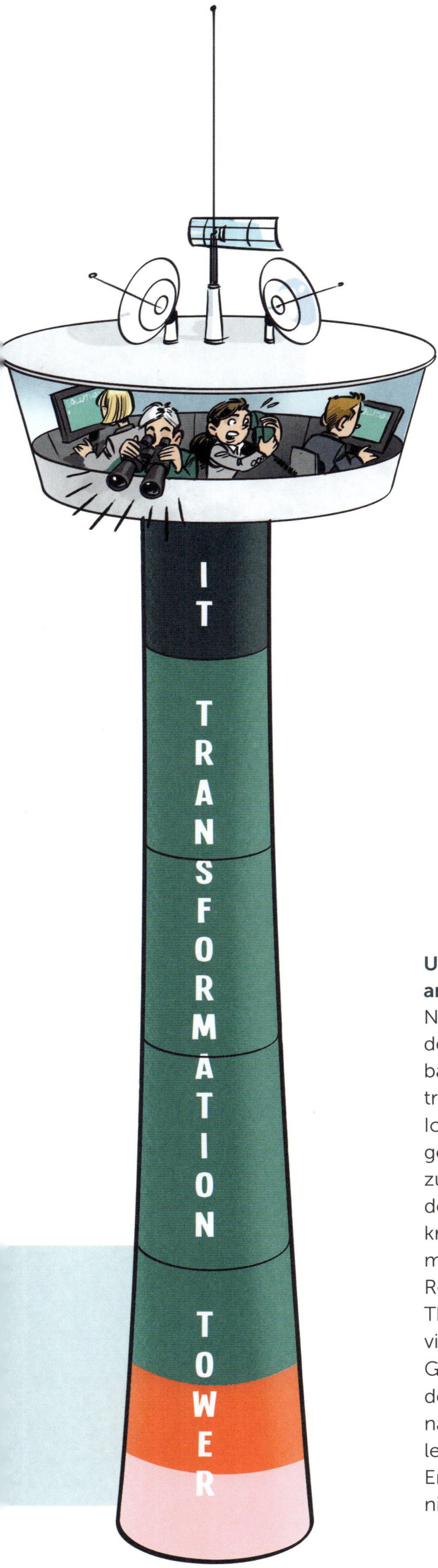

FASLCHE STRUKTUREN

Und was hat Sie denn eigentlich 2008 an der BayernLB gereizt?
Nicht, weil ich lebensmüde war, sondern weil ich von der seinerzeitigen bayerischen Staatsregierung den Auftrag bekam, die Bank zu privatisieren. Ich wäre nie zur Landesbank gegangen, ohne diese Privatisierungsoption zu haben. Das war allerdings kurz vor dem Ausbruch der globalen Finanzkrise 2008 und danach ging es nicht mehr um Privatisierung sondern um Restrukturierung und Aufräumen. Beim Thema Landesbanken gibt es durchaus viel Löbliches zu berichten, was das Geschäft angeht, aber es gibt durch den staatlichen Einfluss in der Governance massive Probleme und grundlegend falsch angelegte und meines Erachtens mit Blick auf EU-Recht auch nicht dauerhaft haltbare Strukturen.

STEFAN ERMISCH

ehem. CEO Hamburg Commercial Bank (HCOB)

Zur Person

Stefan Ermisch war vom 01. April 2016 bis zur Privatisierung im Jahr 2018 CEO der früheren HSH Nordbank AG und ab 2018 bis Ende September 2022 CEO der privatisierten und umbenannten Hamburg Commercial Bank AG (HCOB). Von 2013 bis 2016 war er Finanzvorstand der alten HSH Nordbank und maßgeblich an ihrer erfolgreichen Restrukturierung beteiligt. Als CEO der HSH Nordbank begleitete Stefan Ermisch eine schwierige Phase der Bank, bei der es vor allem um eine umfangreiche Altlastensanierung inklusive der Beilegung von diversen Rechtsstreitigkeiten, die Verbesserung der betriebswirtschaftlichen Effizienz, die Vorbereitung der ersten Privatisierung einer deutschen Landesbank sowie dem intensiven Dialog mit den seinerzeitigen politischen Eigentümern in Hamburg und Kiel ging.

Klar, man kann auch einfach weitermachen wie bisher. Dann kann man sich aber von einer selbstbestimmten Zukunft verabschieden.

SKANDALBANK

Nun zur HSH Nordbank, einer ehemaligen Skandalbank: das Medienecho war katastrophal zu dieser Zeit. Haben da nicht einige Kollegen den Kopf geschüttelt, als sie von Ihrem Schritt erfahren haben?
Kann sein. Ich war in jedem Fall zum Zeitpunkt des Wechsels überzeugt davon, dass da erstens etwas Gutes sein muss, was keiner sieht und zweitens, dass ich mit dem, was schlecht ist, umzugehen verstehe. Mit der sich entwickelnden Idee der Privatisierung lag dann 2016 eine echte Perspektive für eine neue Governance und damit eine neue Chance auf dem Tisch. Und da wusste ich natürlich auch nicht, ob das alles klappt, aber ich habe damals schon gedacht, es könnte sich hier eine Möglichkeit zu einem echten Strukturwandel ergeben. Wir haben den Stier bei den Hörner gepackt, die Chance ergriffen und etwas Wunderbares daraus gemacht.

PRIVATI SIERUNGS STRATEGIE

Eine Privatisierungsstrategie ist ein Plan oder eine Methode, um ein öffentliches Unternehmen oder Vermögenswerte in private Hände zu überführen. Ziel einer Privatisierungsstrategie kann unter anderem sein, staatliche Ausgaben zu reduzieren, Wettbewerb und Effizienz in einem bestimmten Wirtschaftszweig zu fördern oder staatliche Eingriffe in die Wirtschaft zu minimieren. Eine Privatisierungsstrategie kann verschiedene Formen annehmen, wie zum Beispiel den Verkauf von Unternehmensanteilen an private Investoren oder von Vermögenswerten, wie z. B. Immobilien, an private Käufer. Das Ziel ist in der Regel in erster Linie, den staatlichen Einfluss im jeweiligen Sektor zu verringern. Die Mitarbeiter und Kunden des Unternehmens sollten über die Pläne informiert werden, um reibungslose Übergänge zu ermöglichen. Und es kann notwendig sein, Maßnahmen zur Beibehaltung kritischer Mitarbeiter zu ergreifen, um Verluste von wertvollem Know-how und Erfahrung zu vermeiden.

Was sind die besonderen Herausforderungen für eine Überführung von der staatlichen Organisation in eine privatisierte?
Am Ende ist es immer das Gleiche. Unser Erfolg lag während der gesamten Zeit, vor und nach der Privatisierung im Jahr 2018 darin, dass wir uns nichts vorgemacht haben. Wir sind mit unseren Problemen und Lösungsansätzen schonungslos transparent umgegangen. Wir haben uns, und davon war ich immer ein großer Verfechter, auch in den anderen Funktionen, die ich innehatte, immer eng an die betriebswirtschaftliche Wahrheit gehalten. An der Ableitung von zielorientierten, ökonomischen Massnahmen aus einer schonungslosen Analyse des Ist-Zustands mangelt es meiner Ansicht nach bei deutschen Banken offensichtlich. Zu sehr versteckt man sich gerne hinter einem allgemeinen Befund, dass man selber zu wenig auszurichten vermag. Das war nie mein Credo. Das grundsätzliche Problem in Deutschland: Die Häuser haben keine ausreichenden Marktanteile in der Breite ihrer Geschäftsmodelle, tummeln sich zumeist im Massengeschäft, arbeiten deshalb größtenteils ineffizient und akzeptieren dann, dass damit kein ausreichender Return erwirtschaftet wird. Da es nahezu allen so geht, fühlt man sich wohl. Die Kritik von Investoren und der Bankenaufsicht prallt zumeist ab. Da werden relativ einfache ökonomische Grundregeln in Deutschland teilweise missachtet. Sie können beispielsweise nicht ein Massen-Retail-Geschäft oder ein Massen-Corporate-Geschäft erfolgreich ohne zweistelligen Marktanteil betreiben.

Die Anforderungen des Bundes Deutscher Banken für die Aufname in den Bankensicherungs Fonds sind hoch. Sehr hoch.

Am Ende ist es immer das Gleiche.

Alle Banken mit höheren Returns im Ausland – wie z. B. die französische BNP Paribas, die schweizerische UBS, die holländische ING, die italienische UniCredit oder die spanische Santander haben alle – übrigens durch Konsolidierung – zweistellige Marktanteile im Kerngeschäft und erzielen auch deshalb höhere Returns auf das eingesetzte Kapital, als es den deutschen Banken möglich ist. Wer ohne Economies of Scale im breiten Geschäft arbeitet, wird immer – gemessen an den Ansprüchen von Aktionären – Geld verbrennen und das passiert im deutschen Banking seit 30 Jahren. Weil man vor der ökonomischen Wahrheit einfach einen Bogen macht, eine Konsolidierung des Marktes in einem fast schon tragischen Herdentrieb nicht ernsthaft angeht. Und es werden Ausflüchte gesucht, warum es nicht geht, weil man eigentlich die realistische Auseinandersetzung mit der Frage: „Okay, jetzt prüfen wir mal, was brauche ich denn eigentlich, um objektiv erfolgreich zu sein?", meistens nicht bis zum Ende durchdenkt. Ob öffentlich-rechtlich oder privat, da gibt es außer in der Governance keinen großen Unterschied. Und wir hatten bei der alten Bank frühzeitig begonnen, im Jahr 2014 oder 2015 schon, zumindest den Versuch zu starten, eine wahrhaftige Debatte zu führen zur Frage: „Wo ist denn diese HSH Nordbank gut, wo relevant und wo ist sie eben nicht gut und nicht relevant?" Natürlich treten dann ganz schnell bittere Erkenntnisse zu Tage, dass über den Daumen gepeilt, die Hälfte der Bank inklusive ihrer fulminanten Altlasten am Ende völlig nutzlos im Raum stand, Kapazitäten bindet, Mitarbeiter beschäftigt, Bilanzsummen bindet, ohne irgendeine Chance zu haben auf einen vernünftigen Return, weil dieses Haus eben unscharf, ja man könnte sagen beliebig positioniert war.

Private Equity hilft sehr Kurs zu halten.

Ein heftiger Sturm, aus dem Sie einen Weg hinaus suchten und probierten, die Ketten der Vergangenheit abzuwerfen.
Richtig, wir haben uns seinerzeit schon vor der Privatisierung, das ist wichtig, darangesetzt, all das kontinuierlich abzubauen, was eben nicht diesem werthaltigen Kern dient: „Was können wir hier und jetzt gut?" und dann sind Kernfunktionalitäten übriggeblieben, die sich **1.** um das Commercial Real Estate und **2.** um das Thema Global Shipping gegliedert haben sowie **3.** Teile der strukturierten Finanzierung, also nehmen wir mal Projektfinanzierungen, aber auch **4.** erneuerbare Energien. Alle vier Aktivitäten der Bank waren stark und relevant. Da haben wir einen Kern gesehen und gesagt, den müssen wir bewahren und den müssen wir weiter stärken, aber der Rest muss weg. Die Alternative wäre der Verlust aller Arbeitsplätze gewesen. Der Gedanke: Lasst uns doch den werthaltigen Teil mit seinen Arbeitsplätzen bewahren, der natürlich viel kleiner war als früher. Den nicht werthaltigen Teil hingegen abbauen und ich verspreche euch, dass wir mit jedem, der die Bank verlassen muss, fair umgehen werden. Das haben wir auch durchgehalten. Der größte Teil des Arbeitsplatzabbaus und des Bilanzabbaus fand übrigens in der Zeit unter dem staatlichen Eigentum statt und nicht in der Zeit danach. Ich bin heute noch dankbar, dass die damaligen staatlichen Eigentümer die Restrukturierung der alten Bank am Ende unterstützt haben. Auf diesem Weg sind wir ab 2018 mit den neuen Private Equity-Investoren konzentriert weiter gegangen und haben die daran anschließende Transformation bis zu meinem Ausscheiden Ende 2022 sehr erfolgreich geschärft. Private Equity hilft sehr, Kurs zu halten und die richtigen Debatten zu führen. Private Equity ermöglicht in erster Linie eine professionelle Governance, das sind Akteure, die es wirklich interessiert, die sich auskennen, die eine Idee von der Zukunft haben, die konstruktiv und fordernd zugleich sind und die am Ende Geld verdienen wollen.

Die Vertreter staatlicher Eigentümer sind sehr intelligente und vergleichsweise hoch gebildete Persönlichkeiten, sie haben aber keinen Anreiz, irgendetwas wirklich ökonomisch Sinnvolles für ihr Unternehmen zu veranlassen, außer, die eigentlich verantwortlichen, staatlichen Eigentümer und dort die in Verantwortung stehenden Politker vor Problemen zu schützen. Also ich muss sagen, es war ein gleitender Übergang in die neue Welt, die neuen Eigentümer haben uns sehr unterstützt, den klaren Blick zu behalten, Dinge weiter zu verbessern und dann hatten wir auch Glück mit dem Markt, das kam hinzu. Die letzten Jahre waren gute ökonomische Jahre volkswirtschaftlich für Banken mit Zinserhöhungen, den damit in direkter Verbindung stehenden Margenerhöhungen und der unerwarteten Erholung im Schifffahrtsbereich, sodass vieles dann auf die gute Seite gefallen ist. Heute ist die Bank objektiv gesehen, das darf ich als ehemaliger CEO sagen, mit Abstand die beste Bank in Deutschland und Teil der 500 wertvollsten Banken der Welt – wenn man an finanzielle Kennziffern wie Effizienz, Eigenkapitalrendite und Kapitalausstattung glaubt. Und ich denke, wir sollten in Deutschland mehr daran glauben, als sie immer nur als Voodoo abzutun.

PRÄSENZWISSEN SCHAFFEN

Aber sie hatten auch gespürt, dass der Faktor Mensch eine Rolle spielt und sind auch hier einen eher unorthodoxen Weg gegangen.
Ja. Das Big Picture, das war eine super Idee auch von Ihnen übrigens. Ich bin natürlich ein eher faktischer Mensch und gleichzeitig bin ich aber auch ein emotionaler Charakter. Ich versuche das zu kontrollieren mit Zahlen und Fakten, weil ich aus der Finanzwelt komme. Trotzdem habe ich verstanden: „Wir brauchen für die Mitarbeiter nicht nur das Narrativ, dass das, was wir tun, richtig ist". Sondern wir brauchten eine eher frontgeloadete, fast schon naive Beschreibung: Wozu, Weshalb, Warum und Was? Wo kommt es her? Und dann haben wir uns mit Ihnen daran gemacht unser Big Picture zu entwickeln. An den Inhalten gearbeitet, an der Sequenz. Von links nach rechts: „Da kommen wir her und da wollen wir hin". Und das hat Gültigkeit bis heute. Das Big Picture stimmt nach wie vor und ist ein simples, aber schönes Narrativ. Etwas das Orientierung gibt in einer umfänglichen Restrukturierung, die etwas Kaltes und sicherlich Bedrohliches hat. Es hat geholfen, das Licht am Ende des Tunnels anzuzünden. Nicht nur an den Lippen vom CEO zu klemmen nach dem Motto „Ha, entweder glauben wir dem oder nicht", das ist ja tagesformabhängig. Die Zukunft nicht nur an der Person festmachen, der eine mag so einen CEO, der andere findet ihn doof, das ist ja die Normalität. Nein, es hat sehr geholfen für unseren Weg in die Zukunft mithilfe des Big Pictures Präsenzwissen zu schaffen. Ich habe das immer wieder rausgezückt und auch meinen Investoren gezeigt, also den Eigentümern. Auch die fanden es interessant. Sowas kennen die nicht und ich kann es nur empfehlen, wenn man eine große Reise vorhat, die irgendwo im Dunkeln beginnt und irgendwo in der Sonne enden soll, dann glaube ich, ist so ein Big Picture auf eine bewusst naive Art und Weise sehr sinnvoll.

Fünf Investoren, wie Finger an einer Hand ebnen der HCOB den Weg in Richtung Zukunft. Eine Zukunft, an die sie so fest glauben, dass sie sehr viel Geld in sie investieren.

Diese Brücke wird gehalten von dieser starken Hand der Investoren und es waren auch wirklich fünf Investoren, die letztendlich unterstützt haben, also fünf Finger an einer Hand.
Das ist richtig. Es waren fünf Investoren, angeführt von Cerberus und JC Flowers, die in unsere Zukunft Geld investiert haben, weil Sie an uns geglaubt haben.

Und das HCOB Big Picture hat ja auch harte Wahrheiten angesprochen und war sehr ehrlich.
Richtig. Gleich zu Beginn: „Jetzt trennen sich die Wege, in die Leute, die mitgehen, die Teil des Kerns sind: Bin ich das? Habe ich das richtige Mindset?“, genau das wollten wir hier ausdrücken und ich finde, es ist uns mit diesem Big Picture in einer schönen Art und Weise gelungen, die vielen Optionen aufzuzeigen: Wir sind in einem freien Land. Du kannst Deinen Weg gehen. Die Jahre, die zurückliegen, waren sehr anstrengend, der Weg vor uns wird es auch. Niemand wird gezwungen. Du kannst weiter den Weg der Vergangenheit gehen... nur dann: auf Wiedersehen! Weil das nicht unsere Mission gewesen ist. Und es gibt den Weg, den wir dann über die Brücke gehen, in eine neue Welt, die anstrengend und wild und verrückt ist. Die aber eine berechtigte Hypothese aufgestellt hat, dass das funktionieren kann.

WILD UND VERRÜCKT

Jedes Big Picture basiert ...

... auf sehr grundlegenden Erkenntnissen der Neurowissenschaften. Dinge, die man erlebt, werden sehr viel besser abgespeichert als trockene Fakten. Eine Schlüsselrolle spielen dabei Emotionen, die beim Erlebnis mit den Fakten verknüpft werden. Genau hier setzt ein Big Picture an. Es ergänzt nüchterne, brillante Analytik und Fakten sowie zahlengetriebene, strategische Präzision mit Emotionen: Freude. Wut. Trauer. Zweifel. Gewissheit. Zuversicht. Enttäuschung und Stolz für das Erreichte. Strategie wird erlebbar.

Und nach der Brücke standen erstmal alle vor einer großen Mauer, schöne Zukunft.
Wissen Sie, wir hatten mit einer Vielfalt von unterdurchschnittlich bis überdurchschnittlich motivierten und ausgebildeten Mitarbeitenden zu tun. Also die volle Breite. Gerade in den Landesbanken ist der akademische Ausbildungsgrad recht hoch. Das Wissen ist grundsätzlich sehr stark, aber komischerweise der Zug zum Tor, also ökonomisch erfolgreich sein, ist sehr gering ausgeprägt. Ich erkläre mir das damit, dass das Sicherheitsnetz einer Landesbank früher dem eines Beamten ähnelte. Man macht das, was man macht, so wie es immer gemacht wurde. Man hinterfragt aber nicht immer genug, ob all das auch wirklich Sinn ergibt. Deshalb haben wir viel Zeit und Intensität in die interne Kommunikation und Ausbildung gesteckt, die gesamte Organisation schlanker und pragmatischer aufzustellen – von der Führungskraft bis zum Sachbearbeiter. Wir haben erfolgreiches und zielorientiertes Handeln sichtbar gemacht und gefördert. Es wurden die dicken Bretter gebohrt. Als Führungskraft muss man sich die Hände dreckig machen und durch faktisches Tun die Überzeugungskraft gewinnen. Erstmal, dass man weiß, von was man redet und dass man eben nicht nur andere Leute rumscheucht, sondern als Vorbild in der Sache auch Leadership zeigt. Ich wollte wegkommen von diesem beamtenähnlichen, hierarchischen Verhalten, mehr Laufbahnen aufmachen, fachliche Pfade und People-Leadership-Pfade. Beide sollten attraktiv sein, gemeinsam die Frage beantworten: „Was wollen wir erreichen?“. Wir arbeiten alle in einer Bank und wir wollen alle erfolgreich sein, wir wollen, dass es gut ist, was wir tun und ob das gut ist, entscheide ich nicht selber, sondern der Erfolg am Markt nach objektivem Maßstab.

Wie in große Mauern galt es ein Loch ins alte Führungsverständniss zu reißen und Hierachien systematisch abzubauen.

Als Führungskraft muss man sich die Hände dreckig machen.

Und auch im Kontext Mindset haben Sie sich auf die Zahlen verlassen.
Wir hatten zu dem Zeitpunkt, als wir das gemacht hatten, kontinuierliche Pulse Checks eingeführt, die extern erstellt wurden und das war hilfreich. Wir konnten Tendenzen erkennen, wie z. B. Silo-Denken oder die Akzeptanz für den strategischen Weg und die Umsetzung. Über die Jahre konnten wir so die Werte kontinuierlich steigern.

RESTRUK TURIERUNGS STRATEGIE

Eine Restrukturierungsstrategie ist eine Methode, um ein Unternehmen, eine Organisation oder einen Geschäftsbereich neu zu gestalten, um die Effizienz und Rentabilität zu steigern oder sich an sich ändernde Marktbedingungen anzupassen. Typische Maßnahmen, die im Rahmen einer Restrukturierung durchgeführt werden können, könnten sein: Veränderungen in der Organisationsstruktur, Veränderungen im Personalbereich, Überprüfung der Geschäftsprozesse und -abläufe, Asset-Verkäufe oder Offenheit gegenüber neuen Geschäftsbereichen. Das Unternehmen sollte eine umfassende Analyse durchführen, um die wichtigsten internen (interne Prozesse, Personal, betriebswirtschaftliche Kennzahlen) und externen (Kunden, Lieferanten) Faktoren zu identifizieren, die seine Leistung beeinflussen. Die Mitarbeiter sollten aktiv in den Prozess der Restrukturierung einbezogen werden, um Akzeptanz und Verständnis für die Veränderungen zu schaffen. Es ist wichtig, dass das Unternehmen klar und transparent kommuniziert, welche Veränderungen vorgenommen werden und wie diese sich auf das Unternehmen und seine Mitarbeiter auswirken. Es ist wichtig, dass das Unternehmen klar und transparent kommuniziert, welche Veränderungen vorgenommen werden und wie diese sich auf das Unternehmen und seine Mitarbeiter auswirken.

Um Ergebnisse zu erzielen, galt es die dicken Bretter zu bohren.

Teil der 500 wertvollsten Banken der Welt zu sein.

Der Erfolg wurde sichtbar?
Ja, gerade in dem Jahr, als wirklich der große wirtschaftliche Erfolg sichtbar war, da wurde klar, dass nicht nur das Big Picture schön war, sondern das wahre Bild, das am Ende rausgekommen ist: Teil der 500 wertvollsten Banken der Welt zu sein. Das war ein besonderer Moment, auch für mich. Und mit der Realität wurden die Bewertungen, die ausgesprochen wurden, also der „Buy-in" für unser Big Picture, noch positiver als zuvor. Also heute sagen alle, dass das, wo wir rechts angekommen sind, genauso abgelaufen ist und dass man stolz darauf ist, jetzt in dem Tower zu sitzen.

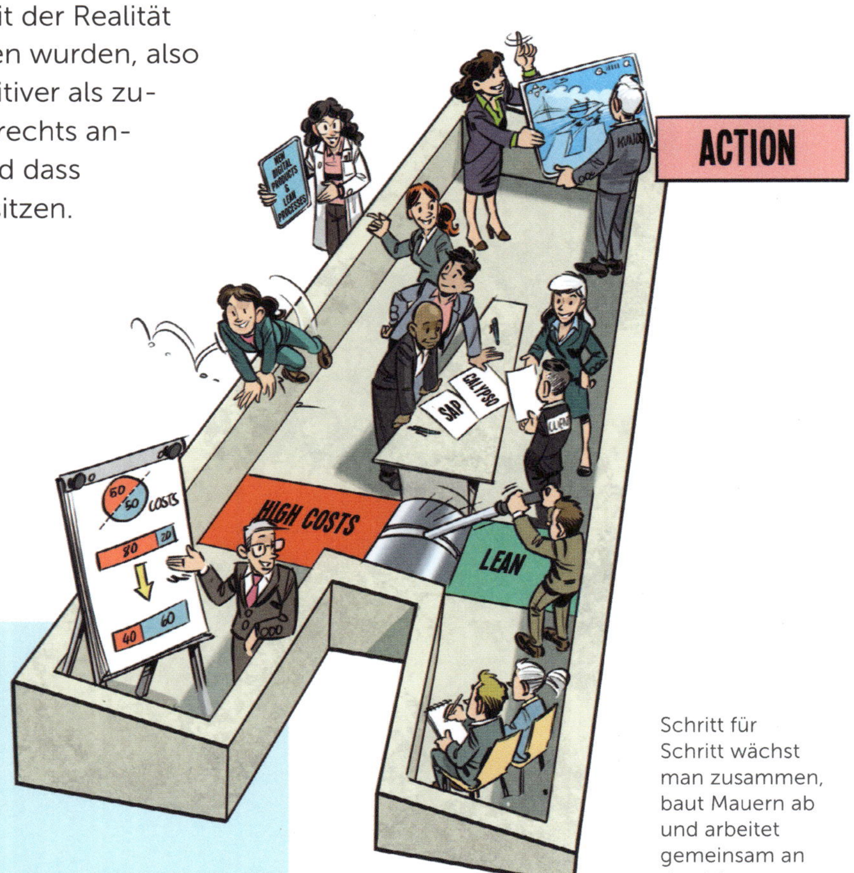

Schritt für Schritt wächst man zusammen, baut Mauern ab und arbeitet gemeinsam an den Lösungen.

Mission erfüllt.
Ja, das ist ein Wunder, wirklich, das erfüllt einen (ehemaligen) CEO, wirklich mit großer Befriedigung und Stolz auf die Mitarbeiter, die einen harten Weg mitgegangen sind, viel Reorientierung auf sich genommen haben und sagen: „Muss das sein, nochmal alles neu machen?". Alle wurden gefordert, alle mussten sich stellen und jetzt ist es nicht der Erfolg von ein, zwei, drei, vier Leuten, sondern der Erfolg aller, das heißt: Alle, die dabei sind, also immerhin 1.000 Mitarbeiter, jeder hat irgendeinen wahrnehmbaren Beitrag geleistet, dass das so toll funktioniert hat und das hat sich auch in den Pulse Checks gespiegelt, was wirklich sehr schön ist, wer hätte das gedacht?

Versprochen und gehalten: Die HCOB zählt heute zu den 500 wertvollsten Banken der Welt.

Alle wurden gefordert, alle mussten sich stellen.

Auf dem Big Picture unterhalten sich der Azubi und der CEO über mögliche Pläne, jenseits von Hierarchien. Mit welchem Selbstverständnis haben Sie ihre Rolle ausgefüllt?
Als CEO ist es die Hauptaufgabe, die richtige Richtung einzuschlagen und dann aber auch unnachgiebig an dieser Richtung festzuhalten, sich vor ein Unternehmen zu stellen. Und zusätzlich natürlich alles drumherum zu organisieren, dass die Richtung mit Substanz gefüllt wird, dass man sich am Ende die eigene Wahrheit kreiert und die gesamte Belegschaft dahinter versammelt. Dass man den Erfolg auch managt und ich glaube, da haben wir es, das darf ich schon sagen, nicht nur besser gemacht als die allermeisten, sondern wir haben unseren Weg definiert und sind ihn gegangen und haben dann das Glück des Tüchtigen gehabt. Deshalb glaube ich, ist es wichtig, dass der Weg von Beginn an klar beschrieben wird, dass es ein Narrativ gibt, an dem man auch – wenn nötig unnachgiebig – festhält. Also der ganze Weg von der Restrukturierung, über die Privatisierung bis zur Transformation, war kein Nice Guy Business, das war relativ taff, voller Widerstände, aber wenn es dann funktioniert, dann erfüllt das plötzlich mit Stolz und alle Sorgen, alle Nöte, die man ja hatte, sind plötzlich verflogen und es gibt enorme Kraft für die Geschicke, die dann kommen, was auch immer das ist. Aber das hat die Bank wirklich stark gemacht und wirklich besser gemacht als die allermeisten Häuser, die ich kenne. Ich bin stolz darauf, dass ich in meiner Zeit einen wesentlichen Beitrag leisten durfte.

Die Erfolgs-Szenen wurden von allen Führungskräften gemeinsam erarbeitet. An ihnen werden Kunden und Mitarbeitende erkennen, dass die Strategie aufgegangen ist.

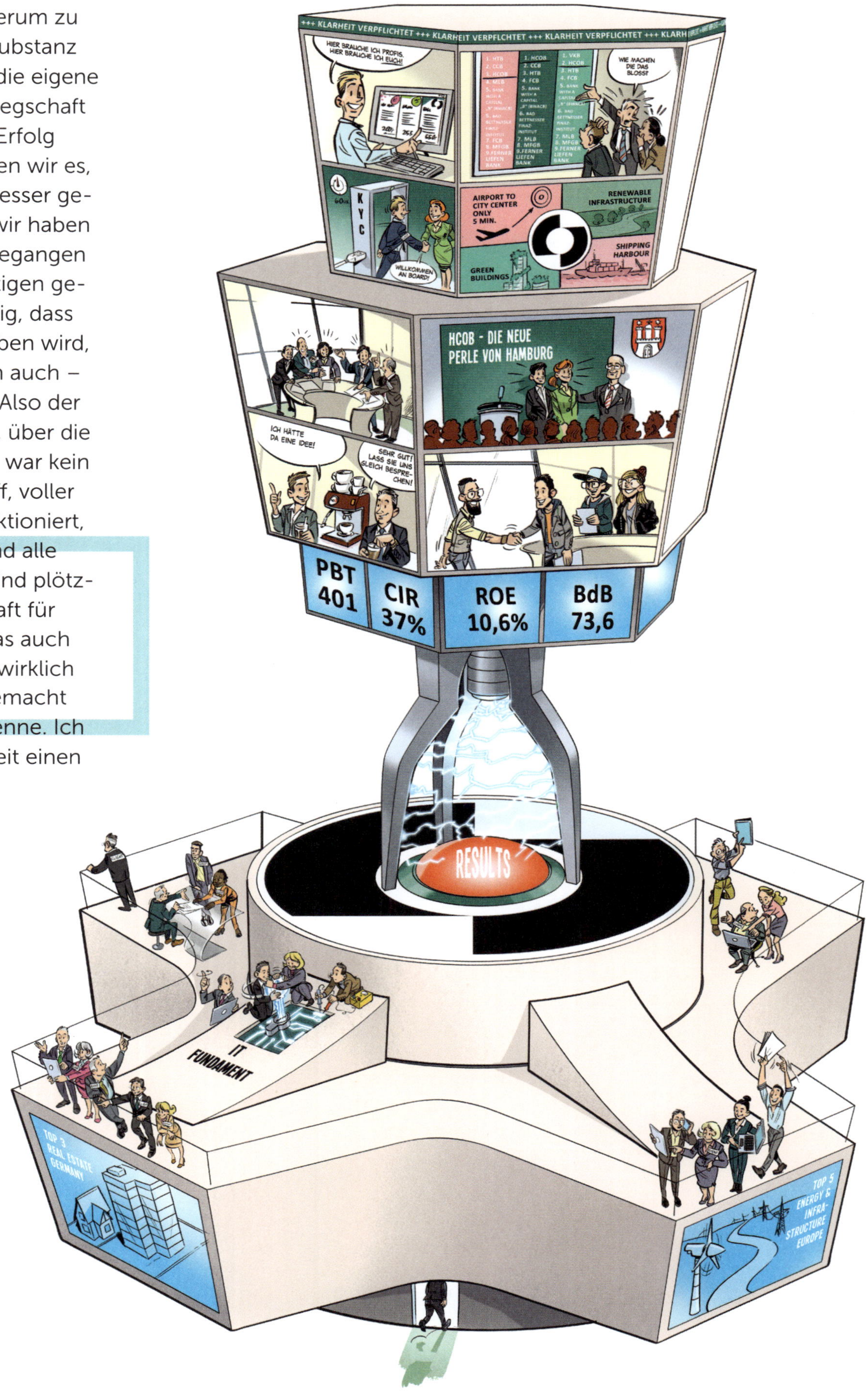

„OUR WAY TO THE FUTURE“
The Hamburg Commercial Bank Big Picture

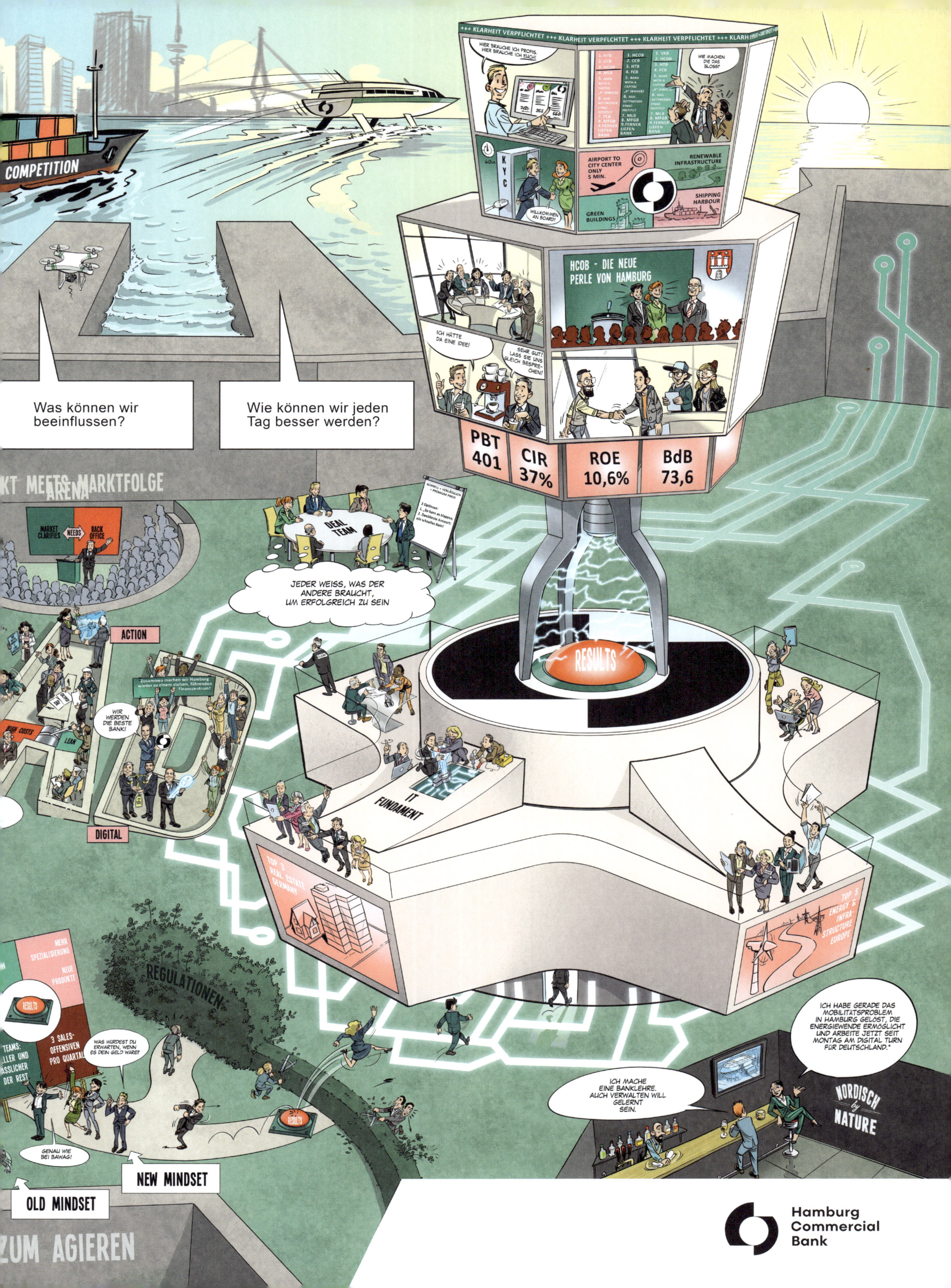

Hamburg Commercial Bank

Wie sich die Generation Y mit Vordenkern aus der ganzen Welt auf die Suche nach einer erstrebenswerten Zukunft machte.

Über die Kraft des Zweifels und wahren Fortschritt

In unserer Welt, die sich in einem atemberaubenden Tempo entwickelt, wird die Fähigkeit, Zukunftsszenarien zu entwickeln und Weichenstellungen für kommende Herausforderungen vorzunehmen, immer entscheidender. Unternehmen, Organisationen und Individuen stehen vor der großen Herausforderung, Zukunftsstrategien zu entwickeln, die sie auf den Weg des Erfolgs und der Nachhaltigkeit führen. Um einen Einblick in dieses spannende Feld zu gewinnen, haben wir uns mit Prof. Dr. Laura Bechthold getroffen, einer renommierten Zukunftsforscherin und Expertin für die Entwicklung strategischer Visionen.

Robert Wreschniok: Liebe Laura, wir reden heute über die Vision Y, die Vision einer erstrebenswert Zukunft der Generation Y. Was ist denn mit Generation Y gemeint?
Laura Bechthold: Dafür gibt es zunächst eine sachliche Definition, also Generation X, Y oder Z. Wenn man das jetzt auf die Jahreszahlen bezieht, ist die Generation Y die, die Anfang der 80er bis etwa Mitte der 90er zur Welt gekommen ist. Die Generation Z, die danach geboren ist, geht bis etwa 2010 und die Generation X, die davor verortet ist, geht bis Ende der 60er und die, die wiederum davor kommen, sind die sogenannten Boomer. Die Einteilung in Generationen erfüllt den Wunsch der Differenzierung von verschiedenen Menschengruppen, den man ja in verschiedenen Bereichen, wie beispielsweise beim Aufbau einer Marke hat, bei dem man versucht verschiedene Zielgruppen zu definieren. Hier sollte man im Hinterkopf behalten, dass jede einzelne Generation in eine andere Welt geboren und damit anders geprägt und sozialisiert wurde.

BOOMER

Bei jeder Generation herrscht ein anderes Mindset.

PROF. DR. LAURA BECHTHOLD

Bayerisches Foresight-Institut

MILLENNIALS

Wenn man sich zum Beispiel die Eltern-Generation der Millennials ansieht, welche im hohen wirtschaftlichen Aufschwung zur Welt gekommen ist. Sie haben das Paradigma „Es wird immer besser, je weiter ich im Leben komme und kann mir irgendwann ein Eigenheim leisten" ihren Kindern weitergegeben. Dann wurde die Millennial-Generation durch Ereignisse wie 9/11 oder die Finanzkrise geprägt. Diese Krisen sind für sie oft genau in dem Alter passiert, in denen man die Welt zu verstehen lernt. Die heutige „Gen Z" hat 9/11 zum Teil gar nicht erlebt und auch die Finanzkrise war nicht wirklich präsent, weil man noch zu klein war. Das heißt, bei dieser Generation herrscht ein ganz anderes Mindset, wodurch dann andere Themen wichtig werden.

Zur Person

Laura Bechthold ist eine renommierte Zukunftsforscherin, die sich auf Fragestellungen rund um die gesellschaftlichen und ethischen Folgen von neuen Technologien und auf das Zukunftslernen spezialisiert hat.

Mit ihrem tiefgreifenden Verständnis für die Wechselwirkungen zwischen Technologie und Gesellschaft ist sie eine gefragte Expertin, wenn es darum geht zu klären, welche Fähigkeiten in der Zukunft wichtig werden und wie diese von Menschen in jeder Phase ihres Lebens entwickelt werden können.

Ihr Ziel ist es unter anderem, Lösungen für eine inklusive, nachhaltige und zukunftsfähige Gesellschaft mitzugestalten.

Ich glaube dieser Kontext zeigt, wie wichtig es ist, sich zu überlegen, von welcher Generation man spricht, welche Prägungen, geopolitische Situationen, wirtschaftliche Entwicklungen und gesellschaftliche Normen waren in der jeweiligen Zeit relevant, worauf basierend sind die Weltbilder entstanden, die am Ende in das tägliche Handeln einfließen.

Du bist heute Zukunftsforscherin. Die Zukunftskarte beginnt aber in der Vergangenheit. Ist es eine normale Methode, dass man sich über die Vergangenheit Gedanken macht, um über die Zukunft Aussagen zu treffen?
Auch, ja. Ich würde sagen, es ist ganz wichtig sich über die Zukunft Gedanken zu machen, indem man sich vor Augen führt, was eigentlich in der Vergangenheit passiert ist. Hier ist für mich eine zentrale Überlegung, aus welcher Logik sind verschiedene Vorstellungen über die Welt entstanden. Das sieht man hier auf unserer Zukunftskarte gut. Wir haben angefangen mit der Steinzeit und uns überlegt, wo kommt denn eigentlich der Mensch her.

Interessant wird es dann auf dem Förderband, weil wir uns da angesehen haben, was die großen Fortschritte der Menschheitsgeschichte waren. Allerdings ist das eine relativ eurozentristische Sicht. Die Teilnehmenden waren in den meisten Fällen aus den Industrieländern in Europa, auch wenn es eine internationale Gruppe war. Wir haben trotzdem angefangen die großen Durchbrüche der Wissenschaft zu sammeln, was bis zurück in die Antike reicht. Dann kamen Meilensteine wie der Buchdruck, die Aufklärung, die Bill of Rights zum Beispiel. Das waren alles Fortschritte, die in der Vergangenheit unsere Welt vorangebracht und geprägt haben.

Der Zufall ist häufig der beste Freund des Fortschritts. Und manchmal liegen die besten Ideen vor unserer Nase. Wir sehen sie nur nicht.

Die Zukunft beginnt in der Vergangenheit.

Die Entwicklung neuer Kommunikationsmittel, lassen das Förderband in Richtung Zukunft immer schneller laufen.

ZUKUNFTSFORSCHUNG

Um auf die Zukunftsforschung zurückzukommen: Wir hatten früher das geozentrische Planetensystem, bevor ein Wechsel zum heliozentrischen Weltbild stattgefunden hat, weil herausgefunden wurde, dass eben nicht die Erde Mittelpunkt des Sonnensystems ist. Das war damals eine Erkenntnis, die das grundsätzliche Verständnis von unserer Welt beeinflusst hat. In dieser Zeit entstand eine mechanistische Sicht auf die Welt. Die grundsätzliche Annahme war, dass wir alles, was auf der Welt passiert, erklären können, wenn wir sie in ihren kleinsten Teilen verstehen. Und wenn die Welt wie eine Maschine funktioniert, würden wir auch alle Ereignisse linear vohersagen können. Das war die Idee.

Dieses Verständnis wurde über die Zeit aufgebrochen, indem neue Erkenntnisse wie systemisches Denken hinzugekommen sind. Das sehen wir auf der Karte, auf der die Paradigmen der Vergangenheit abgebildet sind. Wenn man sich über die Zukunft Gedanken macht, muss man verstehen, unter welcher Logik gewisse Annahmen und Prämissen, auf denen wir heute beispielsweise unser ökonomisches System aufbauen, entstanden sind. Nur wenn wir das verstehen, wird es auch möglich nach Alternativen zu schauen, wenn wir merken, dass unser heutiges System nicht so funktioniert, wie wir uns das vorgestellt haben.

Wohin geht es Richtung Zukunft? In jedem Fall ist sie sehr ungleich verteilt. Ein Fortschrittsstau droht.

Zukunftsfähiger Fortschritt muss innerhalb natürlicher Ressourcengrenzen passieren.

Und am Ende des Förderbandes geht es mit Schwung in die Zukunft?
Fast das Gegenteil ist der Fall. Am Ende des Förderbandes weisen Schilder mit der Aufschrift Zukunft in alle möglichen Richtungen. Wir haben da einerseits die Aspekte von rasantem wirtschaftlichem und technologischem Fortschritt symbolisiert durch Autos. Wir sehen aber klar, dass der Fortschritt, welcher in der heutigen Zeit insbesondere in westlichen Industrieländern, auf Kosten anderer Dinge gewachsen ist. Man sieht auf der Karte zum Beispiel symbolisch einen Bären, der vor einer Öllache sitzt. Außerdem sehen wir das Schild der Rio Konferenz, was eine Referenz zu der 1992er Konferenz ist, bei der das erste Mal auf internationaler Bühne darauf aufmerksam gemacht wurde, dass zukunftsfähiger Fortschritt innerhalb natürlicher Ressourcengrenzen passieren muss und wir nicht unendlich so weitermachen können.

Das heißt, in den letzten 30 Jahren wurden ganz viele neue Erkenntnisse hinzugewonnen, dass eben genau das Fortschrittsmodell, was man sich lange ausgedacht hat, so nicht funktioniert. Hinzu kommen das Internet und die globale Vernetzung, die zur Folge haben, dass Menschen ein viel höheres Verständnis und tieferes Wissen erlangen können, was eigentlich in anderen Ländern der Welt passiert. Man kann heutzutage die Auswirkungen der eigenen Taten in anderen Orten der Welt viel besser nachvollziehen. Wir sehen also direkt die sozialen und ökologischen Konsequenzen unseres wirtschaftlichen Wachstums, wie wir es in der Vergangenheit – mit linearen Logiken – verfolgt haben und dass das kein langfristiges Modell ist. Wir können unsere natürlichen Ressourcen nicht unendlich verbrauchen, sondern müssen sicherstellen, dass wir diese auch in Zukunft weiter nutzen können.

Hinzu kommt, visualisiert durch einen Verkehrsstau, das Stichwort des Bevölkerungswachstums. Da kann man 10 Jahre nach unserer Karte natürlich darüber diskutieren, ob wir uns wirklich in Richtung einer Bevölkerungsexplosion bewegen oder nicht. Nichtsdestotrotz haben wir eine sehr hohe Bevölkerungsdichte an vielen Orten der Welt, womit verschiedenen Probleme einhergehen. In vielen Ländern haben wir sehr hohe Unterschiede, z.B. in den Lebensstandards und Einkommensniveaus. Während wir auf der einen Seite an autonomen Elektroautos basteln, müssen wir uns auf der anderen Seite um die Sicherstellung von Grundversorgung kümmern. Die Komplexität, die Bedürfnisse aller im Sinne einer nachhaltigen Entwicklung in Einklang zu bringen, ist unglaublich hoch.

Ihr habt versucht Fortschritt in den globalen Kontext einzuordnen?
Genau, wenn ich an einer Stelle etwas verändere, dann hat das einen Einfluss auf eine andere Entwicklung. Diese systemischen Zusammenhänge waren früher nicht klar, dafür heute umso mehr. Macht man sich diese Komplexität bewusst, wird es schnell überwältigend, wenn man sich darüber Gedanken macht, was man eigentlich ändern soll und kann. Und rückblickend finde ich es interessant, dass die meisten Megatrends, die wir auf der Karte sehen, vor 10 Jahren noch als neuere Erkenntnis galten. Die brüchigen Säulen repräsentieren das Fundament unserer globalen Gesellschaft. Dort liegen die großen Probleme, Megatrends und großen Entwicklungen, die uns Sorge bereiten müssen. Diese Trends hängen zusammen, vor allem die ersten vier hier abgebildeten: Klimawandel, Wasserknappheit, Wüstenbildung und Artensterben. Ich erinnere mich noch, dass es vor zehn Jahren noch eine rege Diskussion darum gab, ob es den Klimawandel überhaupt gibt. Heute sind wir hier viel weiter. Wir sehen bereits die globalen Auswirkungen schneller, als wir gedacht haben. Nun geht es darum, Lösungen zu finden.

RIO KONFERENZ

Fortschritt in westlichen Industrieländern, ist auf Kosten anderer Nationen und Ressourcen gewachsen.

Welche Rolle spielt hierbei der Klimawandel?
Klimawandel äußert sich in verschiedenen Regionen auf verschiedene Art und Weise. In vielen Regionen der Welt wird es zu einer Wasserknappheit kommen. Vor allem beim Trinkwasser und innerhalb der Böden. Allerdings kommt diese Knappheit nicht nur in Wüstenregionen vor, sondern auch in Mitteleuropa müssen wir schauen, wie sich die Wasserversorgung ändern wird. Außerdem werden wir durch den Klimawandel zum Beispiel öfter Extremwetterereignisse erleben. Wenn der Boden dann durch die generelle Trockenheit nicht mehr so aufnahmefähig ist, werden wir immer wieder mit Überschwemmungen zu rechnen haben. Das wird ein heikles Thema. Im globalen Süden ist das Thema Desertifikation, also Verwüstung im Sinne von Trockenheit, von zunehmender Bedeutung. Zuletzt möchte ich noch den Aspekt der Biodiversität und des Artensterbens ansprechen, welcher sich in den letzten Jahrzehnten verschärft hat.

Wir kennen zwar die Nachrichten, von den teilweise eher bekannteren Tieren, die aussterben, aber eine eher unbekanntere, aber sehr prägnante Zahl ist, dass seit den 1970ern circa 70 % der Spezien ausgestorben sind, vor allem Insekten, Mikroorganismen, wodurch Kipppunkte entstehen. Unser Ökosystem kann relativ viel aushalten, gerade zum Beispiel bei dem Thema Artensterben (Species Extinction), aber wir wissen nicht, wann wir in einen katalysatorischen Effekt hineingeraten, weil wir einen Kipppunkt überspringen und das System diesen nicht mehr ausgleichen kann. Und auf einmal erhöht sich die Temperatur viel schneller oder der Wasserspiegel steigt schneller, als ursprünglich gedacht. Da haben wir eben diese Verkettung an verschiedenen Effekten.

Forschritt ist ohne Kontext nicht zu denken und der Kontext ist zunehmend herausfordernd. Er verlangt nun nach Lösungen, die die Folgen im Blick behalten.

SPECIES EXTINCTION

Was bedeutet das für die Bevölkerung genau?
Während man lange Zeit davon ausging, dass die menschliche Bevölkerung immer weiter wachsen wird, ist man mittlerweile bei der Annahme angelangt, dass wir wahrscheinlich Mitte dieses Jahrhunderts einen Wendepunkt erreichen und dann eine Stagnation oder einen Rückgang erleben werden. Bei der Frage um die Bevölkerungsentwicklung geht es aus meiner Sicht also nicht so sehr darum, wie viele Menschen auf unserem Planeten leben. Vielmehr sollten wir uns um deren Verteilung Gedanken machen. Nehmen wir zum Beispiel das Thema Verwüstung durch den Klimawandel, weswegen viele Regionen möglicherweise unbewohnbar werden. Es wird also zu ganz neuen klimabedingten Migrationsströmen auf der Welt kommen. Wenn man sich überlegt, dass dies vor allem Menschen in den wirtschaftsschwachen Ländern betreffen wird, also diejenigen, die anders gesagt am wenigsten vom bisherigen Fortschritt profitiert haben, müssen sich die Industriestaaten gute Strategien überlegen, wie sie ihrer Verantwortung nachkommen können. Die Diskussion um den Umgang mit Klimaflüchtlingen wurde gerade erst begonnen. 2020 gab es hierzu eine erste Entscheidung des UN-Menschenrechtsausschusses, die sich damit befasst, jemandem aufgrund der Auswirkungen des Klimawandels den Flüchtlingsstatus zu gewähren. Hier kommen große Herausforderungen auf uns zu.

Wenn man sich die United Nations Sustainable Development Goals (SDGs), die es während der Entwicklung der Karte noch gar nicht gab, ansieht, so haben wir noch einen weiten Weg vor uns. Zwar sehen wir heutzutage durchaus auch Fortschritte, zum Beispiel bei der Armuts- und Hungerbekämpfung, jedoch wurden viele Entwicklungen zum Beispiel durch die COVID-19-Pandemie wieder zurück geworfen. Solche Ereignisse nennt man in der Zukunftsforschung übrigens „Schwarze Schwäne" - unvorhergesehene, überraschende Ereignisse mit extrem hohen Auswirkungen auf viele Menschen.

70 % der Spezien wie Insekten und Mikroorganismen sind ausgestorben, wodurch ökologische Kipppunkte entstehen können.

Und mit diesen Themen im Kopf, habt Ihr euch über die Bereiche persönliche Entwicklung, Beruf und Karriere Gedanken gemacht. Die goldene Karotte war nicht mehr Motivation genug.

Da haben wir als Vision Y festgestellt, dass für die meisten Millennials das Thema Beruf ganz stark mit dem Wunsch verbunden ist, Impact zu schaffen. Also im Idealfall etwas zur Verbesserung der Welt beizutragen anstatt nur monetären Anreizen hinterherzulaufen.

Das wird ebenfalls auf der Karte deutlich: Es geht darum eine Balance zwischen verschiedenen Aspekten zu finden: Zum einen eine Mission, bei der man das Gefühl hat, an einem Thema zu arbeiten, was einen echten Mehrwert stiftet. Diese sollte natürlich zusammenpassen mit den ganz persönlichen Leidenschaften, sodass man man nicht mehr nur auf extrinsische, monetäre Incentives angewiesen ist, sondern man auch eine innere Motivation für den Beruf verspürt.

Das muss mit dem „What are you good at?" zusammenpassen, also welche Fähigkeiten liegen eigentlich vor? Wohin möchte man sich entwickeln? Das war ebenfalls ein Thema in unseren Diskussionen: Für die Generation Y gibt es einen riesigen Pool an beruflichen Möglichkeiten. Entsprechend stellt sich die Frage: Was will ich eigentlich machen bei einer Auswahlmöglichkeit an 100 - 1000 verschiedenen Studiengängen? Ich denke, das Thema Berufswahl ist heute deutlich komplexer als in vorherigen Generationen.

Und dann natürlich: „What are you paid for?" Klar, ein finanzielles Fundament braucht man trotzdem noch. Hier finde ich spannend, dass das, was wir als Vision Y entwickelt haben, auch für die Generation Z weiterzugehen scheint. Bei dieser Generation sieht man ebenfalls auf der einen Seite ein absolutes Bewusstsein über globale Thematiken und dass man genau verstehen möchte, wofür man seine Arbeitszeit hergibt und sein Geld bekommt. Gerade durch den zunehmenden Fachkräftemangel steigt hier auch die Verhandlungsmacht der zukünftigen Arbeitnehmenden immer mehr, sodass noch mehr Wert auf diese Themen gelegt werden kann.

Nur der Karotte hinterherzurennen, ist kein Motivationstreiber mehr.

IMPACT SCHAFFEN

Fortschritts-Initiative: Bildung ohne Grenzen für alle.

Ihr habt euch vier Initiativen überlegt, um Fortschritt in Bahnen zu legen. Hochspannend, da es 10 Jahre her ist, aber heute schon teilweise Realität geworden ist. Das erste ist Bildung für alle.
Hier sehen wir eine große Zunahme an Bildungsmöglichkeiten. Es gibt heute viele Universitäten, die ihre Vorlesungen zum Beispiel gratis online zu Verfügung stellen. Aus universitärer Sicht kann man das auch kritisch sehen: Was müssen wir als Bildungseinrichtung heute Leuten bieten, damit sie zu uns kommen und nicht nur online studieren? Insgesamt überwiegt sicherlich der positive Nutzen, dass der Zugang zu Bildung immer leichter wird. Jedoch dürfen wir nicht außer Acht lassen, dass zu ganzheitlicher Bildung auch menschliche Interaktion gehört. Diese sollten wir ebenfalls nicht vernachlässigen.

Und schon damals habt Ihr gesagt, man muss den Lärm ein bisschen abschalten. Da ist eine wahnsinnige Informationsflut, die es zu bewältigen gilt, schon allein aufgrund von Social Media.
Das finde ich auch interessant, dass wir damals schon davon ausgegangen sind, dass die Technologisierung des Alltags weiter zunehmen und insbesondere der Einfluss durch Social Media steigen wird. Ich glaube es gab damals einige Teilnehmende, die meinten, dass Fortschritt Zeit zum Nachdenken braucht und das Recht auf Privatssphäre erhalten bleiben muss. Das war schon interessant. Diese Thematik hat sich natürlich in den letzten Jahren weiter verschärft, weil unsere Gesellschaft noch technologisierter geworden ist. Smartwatches oder vernetzte Alltagsgegenstände, mit denen man die ganze Zeit online ist, sind nur einige Beispiele für die Datenfluten, in denen wir täglich schwimmen. Und jetzt mit den allerneusten Entwicklungen wie ChatGPT würde ich sagen, dass die Herausforderung der Balance von digitaler und analoger Welt noch relevanter wird.

Ein Big Picture soll nicht ...

... selbsterklärend sein, sondern zum Diskurs anregen. Steht man zum ersten Mal alleine vor einem Big Picture, dann ist das mit großer Wahrscheinlichkeit ebenso faszinierend wie überwältigend. Hat man aber ein Big Picture im Team oder im Gespräch mit Kolleg*innen kennengelernt, ist man einmal der Geschichte gefolgt, dann passiert etwas Unvorstellbares: Man kann die Geschichte mithilfe des Big Pictures direkt weitererzählen. Man hat die strategischen Zusammenhänge direkt erfasst. Einstein meinte dazu einmal: Kannst Du es nicht in einfachen Worten erklären, hast Du es noch nicht gut genug verstanden. Mit dem Big Picture versteht jeder die Strategie.

Die zweite Initiative war schon pragmatischer. Es wurde ein Modellprojekt erdacht, wo Leute zu 100% nachhaltig leben. Wie würdest Du das im Nachhinein bewerten?
Ich glaube, dass das nach wie vor eine kluge Idee war. Man braucht immer noch diese Experimentierräume. Damals war zum Beispiel noch Masdar City als CO2-neutrale Modellstadt in Abu Dhabi in der Diskussion. Das war die Inspiration unserer Idee, dass es noch viel mehr solcher Projekt und Räume braucht, um herauszufinden, was wirklich funktioniert. In den letzten 10 Jahren ist natürlich viel passiert. Neue Regulierungen und neue Technologien sind dazu gekommen. Heute geht es darum, Lösungen zu finden, die skalierbar sind. Was sind neue Wege, um zum Beispiel flächendeckend Müll zu reduzieren und nachhaltigen Konsum zu ermöglichen? Nachhaltigkeit ist mittlerweile in der Mitte der Gesellschaft angekommen: Jede Stadt, jede Hochschule und jedes Unternehmen setzt sich mittlerweile Nachhaltigkeitsziele. Wir haben Reporting-Pflichten und neue Standards, die eingehalten werden müssen. Ich würde sagen, wir haben den Sprung aus dem Labor hinaus geschafft.

Nicht nur drüber reden, sondern es in Modellversuchen tatsächlich tun. Wird das Erlebnis erstrebenswert sein?

Fortschritt braucht Zeit zum Nachdenken.

Ein Menschrecht für Information, dass sowohl den Zugang als auch die Sicherheit privater Daten regelt.

Die dritte Initiative, die Ihr euch ausgedacht habt ist sensationell aktuell und wertvoll. Das ist das Menschenrecht für Information.
Der Grundgedanke dahinter war, dass das Recht der Privatsphäre auch im digitalen Raum weiter geschützt wird und es zum Grundrecht wird, dass jeder und jede selbst über die eigenen Daten bestimmen kann. Wir hatten uns damals schon überlegt, dass es dafür eine rechtliche Grundlage braucht. In den letzten 10 Jahren haben wir oft gesehen, was passieren kann, wenn zu viele Informationen in falsche Hände kommen. Hier denke ich zum Beispiel an den Skandal im Jahr 2016 rund um die Firma Cambridge Analytica und die flächendeckende Manipulation von Wählern im digitalen Raum über Facebook, was letztendlich die US-Wahlen stark beeinflusst hat. Auch hier sind wir mittlerweile sehr weit gekommen, z.B. mit der Datenschutzgrundverordnung oder dem nahenden KI-Act der EU. Aber weiterhin bleibt es eine große Aufgabe, das Recht der informationellen Selbstbestimmung zu verankern und zu schützen.

TRANSPARENZPFLICHT

Und die Idee der vierten Initiative war eine App, bei der man nachschauen kann, ob eine Orange fair produziert wurde. Diese wurde mittlerweile rechtlich umgesetzt mit dem Lieferkettengesetzt, richtig?
Eine App mit der Transparenz, wie wir sie uns erdacht haben, haben wir noch nicht. Aber dass es tatsächlich zu einem Gesetz in diese Richtung kommt, hätten wir uns damals nicht träumen lassen. Wir haben eher in die Richtung der freiwilligen Selbstverpflichtung von Unternehmen gedacht. Da war die Idee, zu sagen, man kann für jedes Produkt nachverfolgen, wo es denn eigentlich herkommt. Hier sieht man über die letzten Jahre viele Initiativen, die versuchen, das zu bewerkstelligen. Aber jetzt mit der Transparenzpflicht der Lieferketten ist eine ganz neue Qualität aufgekommen.

Transparenz von der Produktion über die Lebensqualität aller direkt oder indirekt Beteiligten bis zum verantwortungsvollen Konsum.

United Interests statt United Nations. Echte gelebte Diversität und mutige Entscheidungen, um in großen Schritte voranzukommen.

Und rechts oben auf der Zukunftskarte habt Ihr die Frage beantwortet, woran man erkennen würde, dass wir in ein paar Jahrzehnten in einer fortschrittlicheren Zukunft angekommen sind.

Genau, hier haben wir gesagt, dass das bestehende ökonomische Modell überarbeitet werden muss, von Shareholder Value zu Shared Value. Als wir die Vision Y entwickelt haben, war innerhalb von Unternehmen das ganze Thema Nachhaltigkeit zum Beispiel eher ein Nischenthema. Heute gibt es zum Beispiel das integrierte Nachhaltigkeitsreporting, bei dem man die sozialen, ökologischen und finanziellen Aspekte ganzheitlich betrachtet. Unternehmen müssen integrierte Berichte abgeben und sind dazu angehalten dabei ihre Stakeholder einzubinden, um zu zeigen, wie sie Wert auf verschiedenen Ebenen schaffen. Da sind auch die normalen profitorientierten Unternehmen nicht ausgeschlossen. Gleichzeitig sieht man, dass sich viel mehr Unternehmen im sozialunternehmerischen Bereich verankern. Es ist beispielsweise interessant, dass es neben dem Unicorn-Phänomen, also dass wir schnell wachsende Start-ups brauchen, immer mehr Gründer gibt, die sagen, sie machen ein sogenannten Zebra-Start-up, das zwar profitorientiert handelt, sich aber eher auf nachhaltiges, langsames Wachstum konzentriert und auf verschiedenen Ebenen Sinn stiftet. Ich glaube, da können wir sagen: Ja, da sind wir schon, da tut sich was.

Das ökonomische Modell muss überarbeitet werden, von Shareholder Value zu Shared Value.

Hat sich was bei den United Nations, die zu den United Interests werden, getan?
Naja, also ich glaube das ist ein spannendes Thema, denn in den letzten Jahren haben sich verschiedene Aspekte entwickelt. Auf der einen Seite hat sich bei den United Nations einiges in puncto Konflikten verschärft, was wir nicht vorhergesehen haben. Vielleicht hat das nochmal vor Augen geführt, dass Frieden eine fragile Angelegenheit ist. Unsere Idee von „alle kommen an einen Tisch und verhandeln konstruktiv auf globaler Ebene über gemeinsame Interessen", hat sich wohl eher als romantische Utopie herausgestellt. Zwar hatten wir Erfolge, wie das Paris Agreement in Sachen Klimawandel, jedoch sehen wir weiterhin, wie schwierig es ist, auf internationaler Ebene Konsen herbeizuführen.

DIVERSITY

Das nächste Thema ist Diversity.
In diesem Bereich haben wir ein sehr schönes Bild auf der Zukunftskarte, weil es 2013 undenkbar war. Die Idee hinter dem Bild war, dass zwei Fußballspieler offen homosexuell sein dürfen. Man geht ja heute sogar einen Schritt weiter, dass die Geschlechtsidentität sich nicht nach dem biologischen Geschlecht richtet, sondern dass sie selbst definiert werden darf und entsprechend respektiert werden soll. Auch die Diskussion zu Pronomen beziehungsweise die Gender-Debatte in der Sprache wurde geführt. Die Zusammensetzung von Führungsetagen ändert sich langsam, zum Beispiel durch die Frauenquote und durch Vertretung von Menschen anderer Minoritäten wie People of Colour, wodurch mehr Chancen geöffnet werden. Ich sehe zum Beispiel in meinen Lehrtätigkeiten an verschiedenen Universitäten, dass die nächste Generation, die GenZ, Diversity schon viel stärker lebt und verinnerlicht hat als wir. Natürlich gibt es auch hier Unterschiede in der Bevölkerung. Wie sehr man sich mit dem Thema Diversität auseinander setzt und wie offen man ist, hängt natürlich auch stark von der eigenen Sozialisierung ab. Aber hier sehen wir große Fortschritte aus meiner Sicht.

Die Geschlechtsidentität darf von jedem selbst definiert werden.

ZUKUNFTS STRATEGIE

Zukunftsstrategien sind die Leitlinien und Maßnahmen, die Unternehmen, Organisationen und Individuen dabei unterstützen, sich auf die Herausforderungen und Chancen der zukünftigen Entwicklungen vorzubereiten. Sie dienen als Rahmen für Entscheidungen und Handlungen, um langfristige Ziele zu erreichen und sich an die sich verändernden Umstände anzupassen. Bei der Entwicklung von Zukunftsstrategien ist es von entscheidender Bedeutung, einen umfassenden Ansatz zu verfolgen. Dies beinhaltet die Berücksichtigung verschiedener Dimensionen wie technologischer Trends, gesellschaftlicher Veränderungen, ökonomischer Faktoren und ökologischer Nachhaltigkeit. Eine erfolgreiche Zukunftsstrategie erfordert außerdem Flexibilität und die Fähigkeit, sich an dynamische Umgebungen anzupassen. Sie sollte auf einer gründlichen Analyse basieren, die sowohl interne Stärken und Schwächen als auch externe Einflüsse und Trends berücksichtigt. Eine Kultur des Lernens und der Innovationsbereitschaft ist ebenfalls von großer Bedeutung, um kontinuierlich neue Möglichkeiten zu erkennen und darauf zu reagieren. Durch eine effektive Zukunftsstrategie können Unternehmen und Organisationen ihre Wettbewerbsfähigkeit erhalten, ihre Innovationskraft stärken und sich auf die Gestaltung einer zukunftsfähigen und nachhaltigen Gesellschaft ausrichten.

Sagst Du rückblickend, Du würdest es ganz anders machen oder da haben wir ein paar Fehler gemacht?
Also, ich finde auf unserer Karte haben wir keine grundsätzlichen Fehler gemacht. Es ist eher interessant, dass viele Themen auf der Karte stehen, die tatsächlich in der einen oder anderen Richtung relevant geworden sind oder wo wir eine andere Entwicklung gesehen haben. Klar, es gab ein paar Annahmen, die man heutzutage nicht mehr so unterstreichen würde, wie die des Bevölkerungswachstums. Ich glaube, was eben heute noch mehr in den Vordergrund gerückt ist, ist das Klima. Allerdings haben wir da damals schon den Fokus darauf gelegt. Was relativ statisch geblieben ist, ist die Mitte, diese großen Bubbles in der Karte, denn das sind immer noch die gleichen Themen. Auch die historische Herleitung und die Kreuzung auf dem Bild sind geblieben. Wir wissen nicht in welche Richtung es geht, es gibt diverse Zukunftsbilder und wir sehen unterschiedliche Tendenzen. Auch heute sehen wir eine stärker werdende Polarisierung zwischen Personengruppen. Auf der Karte wird dies durch die Segregated Community deutlich. Wenn wir nicht aufpassen, werden die Scheren zwischen verschiedenen Gruppen, wie arm und reich, oder politischen Lagern, immer weiter auseinandergehen.

Werden die Scheren zwischen verschiedenen Gruppen weiter auseinandergehen?

Schaust Du eher optimistisch oder pessimistisch in die Zukunft und ist Deine Haltung eine Charakter-Antwort oder eine wissenschaftlich fundierte?
Also ich glaube, ich kann mittlerweile Charakter und Wissenschaft nicht mehr so gut trennen, ich sehe Sachen sehr wissenschaftlich. Ich bin weder pessimistisch, noch bin ich besonders optimistisch. Ich versuche mir ein realistisches Bild zu machen. Ich glaube nicht, dass man Zukunftsvorhersagen machen kann. Das heißt, ich würde nochmal genauso rangehen und überlegen, welche Annahmen haben wir, welche Entwicklungen sehen wir und welche Zukunftsbilder ergeben sich daraus. In der Zukunftsforschung geht es darum, zwischen wahrscheinlichen, wünschenswerten und möglichen Zukünften zu unterscheiden. Diesen Ansatz haben wir auf dem Big Picture schon damals recht gut vereint.

DIE ZUKUNFT IN DIE HAND NEHMEN

Bildung auch den Ärmsten zugänglich machen. Das ist ein zentrales Thema der Vision Y.

Der Mensch hat schon immer Adaptions-fähigkeiten gezeigt.

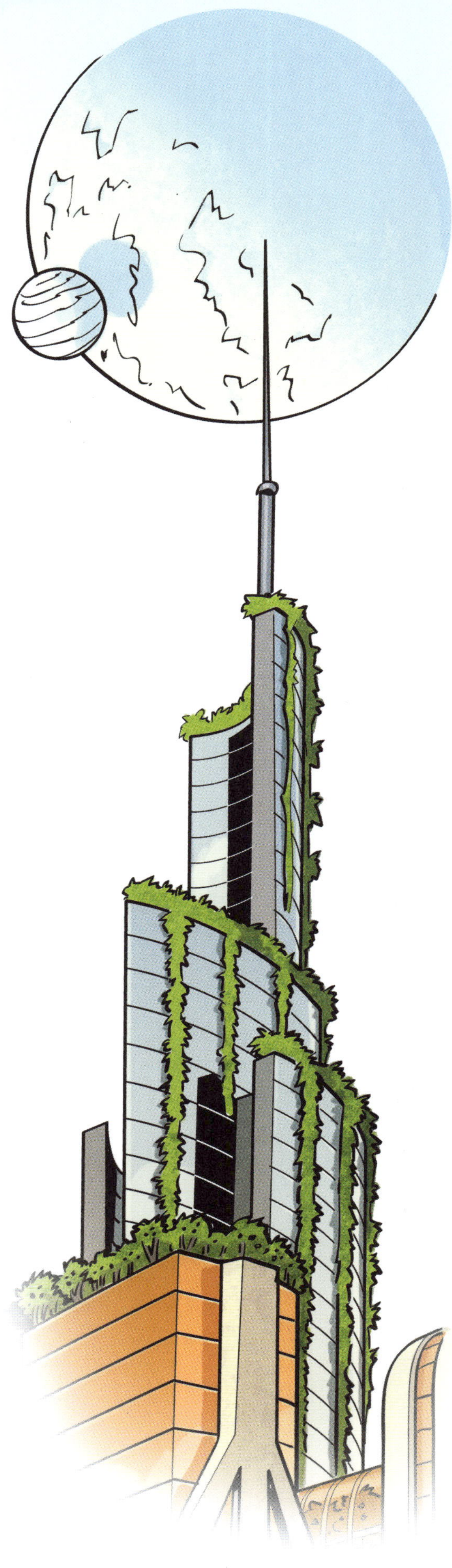

Ich versuche relativ analytisch an die Zukunft zu denken und immer abzuwägen: Was ist eine wahrscheinliche Entwicklung und welche Unsicherheiten bleiben? Der Klimawandel ist aus meiner Sicht ein Thema, welches uns definitiv noch lange beschäftigen und welches in den nächsten 20-30 Jahren sehr präsent werden wird. Wie sich das alles entwickeln wird, hängt von uns ab. Und hier bin ich eigentlich eine Optimistin. Der Mensch hat schon immer Adaptionsfähigkeiten gezeigt. Er muss nur irgendwie versuchen sein Potential zu nutzen und da kommt die gesellschaftliche Komponente hinzu. Dahingehend, dass alle erkennen, es wäre eigentlich besser, wenn man miteinander kooperiert. Ich sehe so viele innovative Menschen da draußen, Leute die was voranbringen wollen, die die Zukunft in die Hand nehmen wollen, die sagen, sie wollen was verändern und wo auch die Möglichkeiten dazu bestehen. Das stimmt mich optimistisch.

Bill of Rights
RIO CONFERENCE
PROGRESS TRAFFIC SOLUTIONS:
1. WIDENING THE ROAD ....
2. EXCHANGE CARS BY E-BIKES ...
3. STOP INDIVIDUAL MOBILITY ...
TRAFFIC-JAM
zero emission
www
launching ...
zero waste
SLOW!
sustainable consumption
ZUKUNFT
FUTURE
前途
будущее
ZUKUNFT
FUTURE
PRZYSZŁOŚĆ
FUTURO
CLIMATE CHANGE
FRESH WATER SCARECENESS

EDUCATION ACCESS HUB
WWW.
LECTURES
e-LIBRARIES
???
UNITED INTERESTS
EDUCATION
SOCIAL WELFARE
HUMAN RIGHTS
SUSTAINABILITY
PEACE
ECOLOGY
U.I. DEBATE ABOUT APPOINTING NEUTRAL MEDIATORS IN INTERNATIONAL CONFLICTS
NEW: SHARED VALUE INDEX
ZERO NEGATIVE IMPACT AGREEMENT Z.N.I.A. SIGNED
EXCHANGE YOUR NATIONAL PASSPORT FOR THE NEW GLOBAL CITIZEN I.D. NOW!
3D-PRINTER WITH RECYCLED P.L.A.
MAX MUSTERMANN
AIR QUALITY:
WORK/LIFE-BALANCE:
YOLO-INDEX:
WELCOME to a NEW QUALITY of LIFE
WHAT YOU ARE GOOD AT
WHAT YOU LOVE
WHAT THE WORLD NEEDS
WHAT YOU ARE PAID FOR
PASSION
MISSION
PROFESSION
VOCATION
PURPOSE
RIGHT FOR INFORMATION
ABOLITION OF MEDIAL CENSORSHIP
SUPPLY OF INFORMATION
KNOWLEDGE
COVERAGE
DISCLOSURE
DISCLOSURE AND CONTROLLING OF STORED PESONAL DATA
WWW.
TRANSPARENT SUPPLY CHAIN
PFUMMM
TRANSPARENCY AT P.O.S.
INFORMATION KIOSK
Search
HUMAN RIGHTS
SPECIES EXTINCTION
POPULATION EXPLOSION
POVERTY
INTELLECTUAL SPONSORS OF VISION Y
Ajit Gupte
Dep. Embassador India
Bill McDermott
CEO SAP
Christian Göttisch
CEO EXPERTEER
Prof. Dong Qui
Chinese Embassi, Vice President Tongji University
Ernst-Dieter Rossmann
SPD
Frank Schätzing
Blockbuster-Author („Der Schwarm“)
Dr Franziska Brantner
Bündnis 90 - Die Grünen
Gabriele Fischer
Journalist, Editor in Chief brand eins
Juliana Rotich (Ushahindi)
African Social Entrepreneur, TED Speaker
Prof. Klaus Sedelbauer
Fraunhofer Institut Morgenstadt Projekt
Michael Kretschmer
CDU/CSU
Mohammad Yunus
Nobel Prize Winner
Prof. Patrizia Nanz
European Institute for Participation
Prof. Isabell Welpe
TUM Chair for Strategy & Organization
Prof. F.-J. Rademacher
Trend Scientist, Club of Rome
Roberto Nicastro
General Group Manager UniCredit
Sigmar Gabriel
Minister of Economic Affairs, Germany
Stephanie Czerny
Founder Digital Lifestyle Day
Thomas Sattelberger
Former Bord Member Deutsche Telecom
Prof. Klaus Töpfer (IASS)

Über das Geheimnis Menschen für neue Ziele zu gewinnen.

Die Schatzinsel der Strategie-Aktivierung

Der Wert einer jeden Strategie bemisst sich nicht nur an ihren quantitativen Zielen, sondern auch an der Zahl ihrer Follower. Je mehr Menschen vom Erfolg einer Strategie überzeugt sind, je mehr Menschen also für ein gemeinsames Ziel abgestimmt aktiv werden, desto wertvoller wird eine Strategie. Das TATIN Institut für Strategie-Aktivierung begleitet global tätige Unternehmen und Organisationen bei der Herausforderung Menschen mit auf die Reise zu nehmen und hat sich in den letzten Jahren als pragmatische Alternative zum klassischen Change-Management etabliert. Das Interview mit Robert Wreschniok, dem Gründer und CEO der Firma, führt Nuria Behringer. Sie ist Senior Beraterin und im Institut für den Bereich Transformation Analytics zuständig.

Nuria Behringer: Ein Big Picture macht Strategien erlebbar und sorgt dafür, dass sie nicht in der Schublade verschwinden. Als Pionier dieser Methode im deutschsprachigen Raum hat auch das TATIN Institut ein eigenes Big Picture.

Robert Wreschniok: Am Anfang eines jeden Big Pictures steht ja die Frage, wer die wesentlichen Menschen sind, die es braucht, um mit der strategischen Idee Erfolg zu haben. Die Ansichten dieser Stakeholder*innen sollten unbedingt ins Big Picture einfließen. Daher kann man nicht sagen, dass es mir leichtfiel – es war eine kollektive Aufgabe, an der viele Kolleg*innen beteiligt waren. Tatsächlich war es spannend, den Prozess für das eigene Unternehmen zu durchlaufen. Heute profitieren wir von den positiven Effekten, dass alle verstehen, wohin unsere Reise geht und welchen Beitrag jede und jeder leisten kann. Wir haben uns gemeinsam auf einen Weg für die Zukunft geeinigt. Im Big Picture haben wir das Ergebnis dieses Alignment-Prozesses schließlich auch festgehalten, damit wir auch in stürmischer See unseren Kurs nicht aus dem Blick verlieren.

Jedes Big Picture beginnt auf der linken Seite mit der Vergangenheit: Wie war das bei TATIN, wie fing alles an?

Für mich persönlich ist das TATIN Big Picture der dritte Schritt in einer schon fast 20 Jahre andauernden Reise. Das erste Big Picture zeigt einen Lauf durch eine Wüste. In meiner damaligen Firma haben wir 2006 ein Unternehmen mit rund 50 Mitarbeitenden neu aufgestellt: Rebranding und strategische Neupositionierung am Markt. Uns war klar: Wir müssen diesen Marathon schaffen und uns überlegen, wie wir uns vom Wettbewerb abheben können. Das zweite Big Picture entstand 2012. Wir hatten die Wüste durchquert und waren mit unserem Piratenschiff auf hoher See in voller Fahrt. Am Horizont konnte man nicht nur andere Piraten-Schiffe erahnen, sondern auch eine Schatzinsel. So hat sich die Reise fortgesetzt.

Heute sind wir tatsächlich auf dieser Schatzinsel angekommen und haben das gefunden, wonach wir so viele Jahre gesucht haben. Entsprechend ist das TATIN Big Picture von der Insel der Aktivierung entstanden.

2006

2012

2023

Es war eine kollektive Aufgabe.

UNIQUE PRODUCT

ROBERT WRESCHNIOK

CEO TATIN Institute for Strategy Activation

Zur Person

Robert Wreschniok hat sich ursprünglich auf die Frage konzentriert, wie Strategie nach außen vermittelt werden kann, um Investoren, Öffentlichkeit und Medien vom zukünftigen Weg einer Unternehmung zu überzeugen. 2012 erkannte er, dass die Aktivierung von Strategie gegenüber Mitarbeitenden und Führungskräften die größte Herausforderung darstellt. Und gleichzeitig den größten Hebel für den Erfolg. Seit 2019 ist er mit dem TATIN Institut Teil der internationalen TATIN Gruppe und dort ganz auf das Thema Strategie-Aktivierung spezialisiert. In seiner Laufbahn beriet er bereits namhafte Unternehmen wie Allianz, HypoVereinsbank, BMW, Red Bull, E.ON, Siemens, Vodafone, SwissRe bei der Aktivierung neuer Strategien und großer Transformationen. 2021 hat er den Accelerator DAY7 gegründet. Heute arbeiten TATIN und DAY7 auf technologischer und beratender Ebene in Hinblick auf Strategie-Aktivierung und Umsetzung großer Transformationen eng zusammen.

Die Insel steht also metaphorisch für den Begriff der Strategie-Aktivierung. Wann wurde dieser Begriff geboren?
Der Schwerpunkt meiner Tätigkeit war bis ungefähr 2010 Reputationsmanagement. Damals kam mir schon der Gedanke: Man kann nicht einfach bei der Kommunikation der Strategie aufhören. Denn obwohl viele Artikel über Strategie geschrieben und Präsentationen gehalten werden, erschrecken die Zahlen: 94% der Mitarbeiter*innen kennen die Strategie des eigenen Unternehmens nicht, 72% der mittleren Führungskräfte, die für die Umsetzung der Strategie verantwortlich sind, können die Strategie nicht schlüssig erläutern. Da überrascht es nicht, dass 86% der CEOs ihr Unternehmen in der Umsetzung ihrer Strategie für nicht effektiv befinden. Ich wusste, Kommunikation ist nur der Startschuss. Es gibt dieses schöne Zitat: „Das Genie des Wissenden ist ohne das Genie des Verstehenden wertlos." Da steckt viel Wahrheit drin. Ich wusste, man muss über reine Strategie-Kommunikation hinaus gehen. So ist das Wort „Strategie-Aktiverung" entstanden. Das war ungefähr im Jahr 2012.

In vielen Jahrzehnten eine Reputation wie einen Fels in der Brandung aufbauen.

Das Genie des Wissenden ist ohne das Genie des Verstehenden wertlos.

Das Motto: Less talk, more action. Und dabei ein Partner zu sein, der einem die Zusammenarbeit leicht macht, wurde das Mantra des Teams.

CHANGE-MANAGEMENT

Jedes Big Picture kann man ...

... auf drei verschiedenen Detail-Tiefen erfahren. Aus einigen Metern Entfernung erkennt man die Metapher des Bildes. Die Bergbesteigung. Der Raketenstart. Die Rallye Richtung Zukunft. Der Hafen. Die Expedition zur Schatzinsel. Tritt man näher heran, erkennt man den Verlauf der Geschichte von links (abgeschlossene Vergangenheit) nach rechts (erstrebenswerte Zukunft). Und schaut man sich die einzelnen Szenen an, dann entdeckt man Geschichten in der Geschichte. Emotionen neben den Fakten. Und Insider, die nur die Mitarbeitenden des eigenen Unternehmens erkennen.

Am Strand des Change Management möchten die Beteiligten lieber in Ruhe gelassen werden.

Im Big Picture landen wir auf einer Insel, die bereits bewohnt ist. Zu sehen ist auch ein Schild mit der Aufschrift „Etablierter Pfad". Change-Management ist ja an sich auch kein neues Thema. Ist Strategie-Aktivierung ein Synonym?
Change-Management ist auch so ein Thema, mit dem ich während meiner Zeit im Reputationsmanagement unzufrieden war. Ich habe in dieser Phase selbst sehr viel damit experimentiert. Dabei habe ich schnell gemerkt, dass dieses Konzept in vielerlei Hinsicht an seine Grenzen stößt. Oft konnte ich persönlich den Widerstand nachempfinden, der sich bei vielen Beschäftigten regt, sobald der Begriff fällt.

Woran liegt das?
Es beginnt schon beim methodischen Ansatz. Stell Dir vor, Du leitest eine Firma und hast diese extrem durchdachte Unternehmensstrategie. Ein spannender Pfad, der euch Richtung Zukunft führen soll. Dann sagst Du zu deinen Mitarbeitenden: „Hier sind unsere Ziele. Bitte überlegt nun alle: 'Wie müsst Ihr euch verändern, damit wir sie erreichen können?" Da sind aber zwei versteckte Botschaften drin, die ich als ausgesprochen kritisch empfinde. Erstens die Tatsache, dass eine mehr oder weniger fremde Person Dich auffordert, Dich zu verändern. Das hören schon die eigenen Kinder nicht gerne, warum sollte es bei Erwachsenen anders sein? Und zweitens: So, wie Du bist, bist Du nicht besonders wertvoll für die neue Strategie. Jetzt verändere Dich erst mal, damit Du einen wertvollen Beitrag leisten kannst.

Was genau macht Strategie-Aktivierung also anders?
Strategie-Aktivierung sendet immer folgende Botschaften: „Wir haben sehr erstrebenswerte Ziele und ihr als Mitarbeitende bringt Erfahrung, Qualifikation, Kompetenzen, individuelle Stärken, Netzwerke und vieles mehr mit. Wie könnt ihr all diese Dinge einbringen, damit wir gemeinsam schneller ans Ziel kommen?" Das ist ein kleiner, aber entscheidender Unterschied, der ganz am Anfang steht. Getreu dem Motto „Energy flows where attention goes" setzen wir den Fokus auf die Ziele und Stärken und nicht darauf, uns selbst zu verändern.

Funktioniert das mit jeder Strategie?
Ja, denn die zentrale Frage lautet immer: „Wie können wir als Organisation besser werden, um unsere Ziele zu erreichen?" Diese Frage vereint branchen- und zielübergreifend alle Projekte, die wir begleitet haben: Zum Beispiel haben wir die Privatisierung einer großen Landesbank unterstützt – ein großer Turnaround. Heute ist sie unter den 500 wertvollsten Banken der Welt. Wir haben neue Produkt- und Dienstleistungsbereiche bei einem Energiekonzern aktiviert – heute ein neues Standbein dieses Konzerns. Auch Nachhaltigkeitsstrategien haben wir bereits vorangebracht, mit dem Ziel, die Unternehmen vom Sourcing bis zum operativen Umgang im Alltag zu verändern. New-Work- sowie Wachstums-Strategien, M&A-Prozesse und Post-Merger-Projekte – all das haben wir bereits erfolgreich begleitet – aber eben nicht als Berater für die Strategie, das machen andere besser, sondern als Experten für die Aktivierung der strategischen Ziele. Wir starten also, nachdem McKinsey & Co ihre PowerPoint abgeworfen haben.

Strategie-Aktivierung berücksichtig die großen Themen unserer Zeit: Macht es messbar. Digital. Nachhaltig und stellt dabei den Menschen in den Mittelpunkt.

Energy flows where attention goes.

Im Big Picture sehen wir auch den Fluss der Zeit, der verschiedene Megatrends wie Daten-Analyse, Nachhaltigkeit und das Stichwort „human-centered" mit sich bringt. Wie beeinflussen sie Strategie-Aktivierung?
Während des anfänglichen Alignment-Prozesses in der Entstehungsphase eines Big Pictures schauen wir zunächst auf das Umfeld der Organisation und fragen nach Entwicklungen, die das Unternehmen bzw. die Branche beeinflussen. In unserem eigenen Big-Picture-Prozess stellten sich drei Themen als besonders wichtig heraus: Strategie-Aktivierung bringt Unternehmen einen riesigen Mehrwert, wenn sie messbar ist. Megatrend: Daten-Analyse. Rückt die Frage nach digitalen Lösungen in den Mittelpunkt. Und Strategie-Aktivierung muss zudem nachhaltig gedacht sein und wirken. Im ökologischen Sinn, aber eben auch ökonomisch und sozial. Und schließlich wird Strategie-Aktivierung ihrem Versprechen nur gerecht, wenn wir die Menschen in den Mittelpunkt stellen.

Hast Du ein Beispiel, was es in der Strategie-Aktivierung bedeutet, den Menschen in den Mittelpunkt zu stellen?
Die Antwort mag ein wenig irritierend sein, aber wir tun das indem wir alle Mitarbeiter in einen Topf stecken. Und wenn da alle Mitarbeitenden aus dem Topf heraus blicken und ein Glas zur Hälfte gefüllt mit Wasser vor die Nase gehalten bekommen, dann werden einige sagen: „Oh, das Glas ist halb voll!" Wir nennen diesen Kreis „Gaby Go!", die sind offen für das Neue und wollen aktiv gestalten. Dann werden einige sagen: „Oh, das Glas ist halb leer." Wir nennen diesen Kreis „Will Wait". Diese Kollegen*innen sind nicht unbedingt gegen die Strategie, aber sie müssen für sich noch einige Fragen beantworten, bevor sie voll einsteigen können. Und dann gibt es noch die dritte Gruppe in jeder Organisation: „Wasser. Igitt. Trinke ich seit Jahren nicht mehr." Wir nennen sie „Dr. Nö". Die sind fundamental dagegen. Wir nutzen alle drei Mindsets für unsere Arbeit – besonders aus den Feedbacks der Skeptiker und der Kritiker ziehen wir wertvolle Informationen, um die Transformation voranzubringen. Die gute Nachricht ist außerdem: Die Mindsets sind nicht fix. Sie sind veränderbar, wenn man sie ernst nimmt und auf sie eingeht.

Am Anfang einer jeden Strategie-Aktivierung steht die Frage: Wer sind die wichtigsten Menschen, die es für den Erfolg der Strategie unbedingt braucht? Und was geht in ihren Köpfen vor?

HEAT-ANALYSE

Die verschiedenen Perspektiven finden sich auch im TATIN Big Picture wieder: die rauchenden Töpfe.
Genau, sie stehen ganz am Anfang des „Strategy Readiness Trail" auf dem TATIN Big Picture. Die erste Frage, die wir unseren Kund*innen stellen, lautet immer: „Wer sind die wichtigsten Menschen, die Sie brauchen, um Erfolg zu haben?" Mit diesen Personen durchlaufen wir einen Prozess, in dem geklärt wird: Warum machen wir das Ganze? Und: Woran werden wir unseren Erfolg erkennen? Das Ergebnis bereiten wir in einer Heat-Analyse auf, die die verschiedenen Blickwinkel zeigt: Vorbehalte und Befürchtungen, Einschätzungen der Befragten, welche Sozialdynamiken der Strategieumsetzung im Weg stehen könnten, aber auch Chancen, die sie sehen, und vor allem: konkrete Beispiele, an denen man Erfolg erkennen würde.

Woran werden wir unseren Erfolg erkennen?

Nachdem alle Perspektiven der Key-Stakeholder auf die Strategie sichtbar gemacht und Hürden aufgedeckt sind, stehen wir am Fuße eines hohen Berges.
Genau und dann geht es in Tiny Interventions, wie das Schild zeigt, ungewohnt schnell den Berg hinauf. Vier Etappen-Ziele gibt es bei der Aktivierung: Das strategische Alignment klären – also haben alle das gleiche Bild von unseren strategischen Zielen im Kopf. Dann den Fokus auf diese Ziele setzen. Das bedeutet, wir richten die gesamte Organisation auf die wichtigsten Prioritäten aus. Anschließend stellen wir Commitment her. Dazu beantworten alle Mitarbeitenden und Führungskräfte für sich die Frage: „Wie kann ich persönlich und auf Teamebene mit meinen Stärken zum Erfolg beitragen ?" Und dann Aktion: Gemeinsam darauf achten, dass uns die üblichen sozialen Dynamiken im Team, zwischen den Bereichen, in der Führung nicht vom Weg abkommen lassen, sondern sie erkennen und nutzen, um schneller voranzukommen.

If you want people to care. Provide them with context. Dabei sind Big Pictures hilfreich und ganz nebenbei halten sie fest, worauf man sich mühsam im Vorfeld verständigt hat.

Dann bleiben wir gleich mal bei den ominösen Tiny Interventions. Was verbirgt sich hinter dieser Methode?
Kurz gesagt: Zeit. Beziehungsweise der Mangel daran. Eine der knappsten Ressourcen in unserem Leben – privat wie beruflich – ist Zeit. Durchschnittlich bleibt einer Führungskraft nur 1 Prozent der Arbeitszeit, um Themen wie Transformation und Strategie parallel zum Tagesgeschäft voranzutreiben. Bei einer 40-Stunden-Woche reden wir also von 25 Minuten pro Woche. Das war unsere Ausgangsüberlegung. Wir wollten den Organisationen etwas bieten, das ohne zusätzliche Workshops, Trainer oder Coaches auskommt. Kurzum: ohne extra Zeitinvest.

Und dann geht es los in Tiny Interventions den Berg hinauf zum angestrebten Ziel.

Okay, und das bedeutet konkret?
Tiny Interventions sind kurze vorstrukturierte Einheiten, die individuell in bereits bestehende Arbeitsroutinen – beispielsweise Wochen-Meetings – integrierbar sind. Inhaltlich sind sie voll und ganz an die Bedürfnisse der Organisation angepasst. Je nach Phase der Transformation legen sie den Schwerpunkt auf die Vermittlung von strategischen Inhalten oder auf die gemeinsame Arbeit an erfolgskritischen Verhaltensweisen im Team, wie z. B. auf Fehler- und Feedbackkultur.

STRATEGIE AKTIVIERUNG

Studien zeigen, dass sieben von zehn Strategie-Projekten nicht die in sie gesetzten Erwartungen erfüllen. Dabei liegt es meist nicht am falschen Zeitpunkt, der falschen Ideen oder dem falschen Produkt, sondern in 80% der Fälle liegt es an den sozialen Dynamiken der Organisation. Diese können auf eine positive Art gemanagt und die Energie auf ein übergeordnetes Ziel fokussiert werden – nämlich auf die Zukunft des Unternehmens und nicht auf den Wandel an sich. Beim Change-Management wird gefragt: „Wie müssen wir uns verändern, um für die neuen Ziele wertvoll zu werden?". Aber die Strategie-Aktivierung fragt: „Wie können wir unsere Stärken und Ideen einbringen, um die neuen Ziele zu erreichen?". Dabei werden die Mitarbeitenden in den Mittelpunkt gestellt. Erst wird ein Alignment über den Ist-Zustand, die Strategie und die Zukunft des Unternehmens geschaffen. Dieses gemeinsame Verständnis wird dann in Form eines „Big Pictures" visualisiert. Durch die Visualisierung und die Einbettung der Strategie in den Kontext des Unternehmens wird auch Skeptikern ein anderer Blickwinkel auf die Strategie geboten. Anschließend wird allen Mitarbeitenden eine Möglichkeit geboten, sich mit der Strategie zu identifizieren und ihren persönlichen Beitrag zu entdecken. All dies läuft heutzutage digital gestützt ab, was ein Messen und eine Datenanalyse in Echtzeit ermöglicht.

Das ist Gaby Go. Sie erkennt in den Bedenken den wertvollen Erfahrungsschatz und nutzt ihn als Gold Nuggets der Aktivierung.

Der Pirat ist Dr. Noway. Er symbolisiert die skeptische Gruppe eines Unternehmens.

Eine der knappsten Ressourcen ist Zeit.

Das ist Will Wait. Er hat definitiv noch Fragen zur Umsetzung der Strategie.

Team-Dynamiken in Transformationsprozessen positiv zu beeinflussen, ist eine ziemlich große Herausforderung. Wie bleiben die Führungskräfte und ihre Teams so lange motiviert?
Dahinter steckt ein vierstufiges Konzept: Können, Sollen, Wollen und Dürfen.

Können bedeutet, dass die Tiny Interventions so einfach aufgebaut und zugänglich sind, dass jeder intuitiv damit arbeiten kann.

Beim **Sollen** kommt eine gewisse Verbindlichkeit ins Spiel, ohne die es nicht funktioniert. Führungskräfte verfolgen messbare Ziele hinsichtlich der Strategie für ihre Teams.

Um das **Wollen** zu fördern, bedienen wir uns des Gamification-Ansatzes. Mit jeder Tiny Intervention sammelt man Punkte und Medaillen und kann nicht nur die Entwicklung des eigenen Teams laufend verfolgen und aktiv beinflussen, sondern sich auch mit anderen vergleichen – das fördert spielerisch den Wettbewerbsgedanken.

Und dann wäre da das **Dürfen** – der Aspekt, der am allermeisten unterschätzt wird. Durch die Tiny Interventions geben wir einen Sicherheitsraum: Ja, es ist okay über Fehler zu reden. Ja, es ist okay systematisch Feedback zu geben. Ja, es ist okay, schwierige Themen anzusprechen, um Lösungen dafür zu entwickeln.

ES MACHT SPASS

Menschen eignen sich eher über Erfahrung neues Denken an, als durch Nachdenken zu neuem Verhalten zu kommen.

*Superpowers

Wie ist die Resonanz auf die Tiny Interventions?
Wir haben eine durchschnittliche Bewertung von 4,2 von 5 möglichen Sternen. Das bestätigt: Die Arbeit mit den Tiny Interventions macht den Leuten Spaß, sie sehen den Sinn dahinter und spüren den positiven Impact auf ihre Arbeit. Um es in den Worten von Richard Pascal zu sagen: „Menschen eignen sich eher über Erfahrung neues Denken an, als durch Nachdenken zu neuem Verhalten zu kommen." Das ist der Kern der Tiny Interventions.

Auf einer Statue im Big Picture ist die TATIN Mission zu sehen: „Nehmt die Menschen mit (Engage), verankert das Neue (Sustain) und macht es messbar (Measure)“. Wie stellen wir sicher, dass das, was wir tun, auch wirklich messbar ist?

Unser Basismodell basiert auf der Meaning at Work-Forschung der University of Yale, die sich mit der Frage beschäftigt wie Sinn und Bedeutung bei der Arbeit entstehen. Die Antwort: durch Identifikation, Selbstwirksamkeit, Befähigung und gute Zusammenarbeit. Im Klartext: Mitarbeitende, die sich mit ihrer Aufgabe identifizieren, die jeden Tag merken, wie sie durch ihre Leistung einen Unterschied machen, ihren Stärken entsprechen eingesetzt werden und effektiv zusammenarbeiten, empfinden ihre Arbeit als sinnvoll. Sie sind diejenigen, die mitdenken, Verantwortung übernehmen und als wichtigste Unterstützung beim Erreichen der ambitionierten Unternehmensziele wirken. Diese Dimensionen messen wir regelmäßig im Pulse Check. Spannend für unsere Kund*innen ist auch die Benchmark-Datenbank, die wir durch die vielen Projekte aufbauen konnten, die wir schon begleitet haben. Mit ihrer Hilfe kann man gut einschätzen, wie die eigene Organisation im Vergleich zu anderen dasteht.

Woran man den Erfolg erkennt? In jedem Projekt wird regelmäßig gemessen und viele Daten werden durch den digital gestützten Ansatz in Echtzeit erhoben.

Auch jede abgeschlossene Tiny Intervention liefert uns Daten auf qualitativer sowie quantitativer Ebene, die wir in KPIs verdichten. Die Auswertung geschieht dabei nie in Bezug auf Individuen – unsere Konzepte sind selbstverständlich wasserdicht mit allen Betriebsräten abgestimmt –, sondern immer auf Bereichs- oder Abteilungsebene. So können wir ein Aktivierungsprogramm aufsetzen, das auf die Bedürfnisse einzelner Bereiche eingeht, statt nach dem Gießkannenprinzip vorzugehen. Wenn wir z. B. auswerten, welche Themen in einem Bereich besonders motivieren oder welche besonderen Herausforderungen gesehen werden, können wir gezielt darauf reagieren.

Culture eats strategy for breakfast.

Kultur ist aber bekanntlich eher ein „softer KPI".
Ja, so scheint es. Aber bereits Peter Drucker hat es auf den Punkt gebracht: „Culture eats strategy for breakfast". In „Strategy Beyond The Hockey Stick" ist McKinsey der Frage nachgegangen, woran so viele Strategien scheitern. Schließlich erreichen 7 von 10 strategischen Projekten nicht die in sie gesetzten Erwartungen – das ist natürlich auch für große Consulting-Firmen wie McKinsey frustrierend. Dabei haben sie festgestellt: 80 % der Gründe, warum Unternehmen ihre strategischen Ziele nicht erreichen, liegen nicht darin, dass der Plan falsch war oder der Zeitpunkt, der Markt, die Produktideen. Nein, sie lassen sich durch soziale Dynamiken, also Kultur, erklären. Wir sind darauf spezialisiert, genau diese sozialen Dynamiken durch Messungen sichtbar zu machen, mit ihnen umzugehen und sie zu nutzen, um Strategien schneller voranzubringen.

Eines ist sicher: Der Weg nach oben ist nicht nur steinig, sondern von jede Menge kreischender Bedenken begleitet.

Es ist bekannt, dass das menschliche Gehirn als eine natürliche Abwehrmaschine für Veränderung funktioniert. Wie geht man mit diesem Widerstand oder sozialen Dynamiken um?
Wir nutzen soziale Dynamiken, um die Transformation zu beschleunigen: Indem wir Bedenken und Widerstände – wir nennen sie „Ja-Abers" – systematisch erheben, erhalten wir extrem wertvolles Erfahrungswissen. Sie liefern uns wichtige Hinweise, worauf wir achten müssen. Statt in Panik zu geraten, dass die Strategie daran scheitern könnte, bleiben wir ganz gelassen, weil wir wissen, welche Hürden wir im Blick behalten sollten.

Im Big Picture sind Bedenken als kleine Affen am Berg dargestellt, die Steine werfen und versuchen, die Expedition zu torpedieren. Sollen wirklich alle ihre Widerstände frei äußern?
Alle dürfen ihre Meinung äußern! Wir ermutigen sie sogar dazu, dies zu tun – strukturiert und konstruktiv im Rahmen der Tiny Interventions im Wochenrhythmus mit dem eigenen Team. Dabei lassen sich zwei wunderbare Effekte beobachten. Erstens: Wir fördern die psychologische Sicherheit im Team. Aus einer Studie von Google wissen wir, dass darin ein maßgeblicher Treiber für die Performance liegt. Nur wer sich sicher fühlt, seine – auch unkonventionellen – Ideen einzubringen, ohne dafür negative Konsequenzen fürchten zu müssen, kann Höchstleistungen erbringen. Zweitens: Wir geben allen eine Stimme. Häufig werden im Unternehmen nur die Lautesten gehört – das sind oft die Kritiker. Durch die Auswertung der Tiny Interventions sieht man, dass das nicht repräsentativ ist, sondern die leise Mehrheit anders denkt. Das kann sehr befreiend für das Projektteam auf Unternehmensseite sein.

Wir geben allen eine Stimme.

Auf dem TATIN Big Picture kommen wir am Ende auf dem Gipfel des Bergs an. Was finden wir hier vor? Wie sieht TATINs Vision von einer erfolgreichen Zukunft aus?
Unsere Vision lautet: „We empower meaningful strategies for a future worth living in." Das heißt, dass wir durch unsere Arbeit Menschen dabei unterstützen wollen, unternehmerische Strategien zu erreichen, durch die die Welt ein Stück besser wird. Das motiviert uns.

QR Code scannen & die Schatzinsel der Aktivierung als Film erleben.

Unter uns noch eine Frage zum Abschluss: Wenn Du zum ersten Mal auf neue Kund*innen triffst, wunderst Du Dich manchmal über die kulturellen Eigenheiten ihrer Unternehmen?
Als ich ein junger Berater war, war es für mich manchmal wie Folter: Ich bin mit dem Kopf voller Ideen in Kund*innengespräche gegangen und war wahnsinnig frustriert, wenn die Kund*innen sie nicht umsetzen wollten. Ich war extrem enttäuscht, weil sie sich aus meiner Sicht nichts getraut haben. Inzwischen haben wir den Fokus völlig verändert. Wir wollen nicht unsere Ideen wie Pflaster über die Realität kleben, sondern wir wollen Realitäten verändern. Darum ist heute unsere Devise: Es gibt keine gute oder schlechte Unternehmenskultur, sondern es gibt nur die aktuelle Kultur der jeweiligen Organisation.

> Sobald es gelingt, Ziele so klar und greifbar zu machen, dass alle verstehen, was sie beitragen können, dann entwickelt sich eine einzigartige Dynamik. Es entsteht Energie, die wir nur noch in die richtigen Bahnen Richtung Zukunft lenken müssen.

PSYCHOLOGISCHE SICHERHEIT

Teams, die eigenverantwortlich Fahrt aufnehmen. Die allen Painpoints ihrer Kunden auf den Grund gehen und dafür echte Wertschätzung erfahren.

TATIN - the Big PICTURE
THE ISLAND OF ACTIVATION
LISTEN TO THE SIGNALS! THERE'S ONE THING WE CAN DO BEST.
FLATFORM
REPUTATION
RELEVANCE
TO SURVIVE, BE EASY TO DEAL WITH AND "LESS TALK - MORE ACTION"!
OKAY!
HOLD THE COURSE AND KEEP THE MOMENTUM!
CAPTAIN, WE'RE RECEIVING A MYSTERIOUS SIGNAL.
IT'S IN AN ANCIENT LANGUAGE ... IT MEANS ...
SEA of FINANCE SHARKS
CLIENTS
CHECK IN
WELCOME!
ENGAGE, SUSTAIN, MEASURE
1. Look calmly to the future
The KRAKEN of DOUBT
BOUTIQUE
WE TURN STRATEGY INTO ACTION.
RESILIENCE
ISLAND of ACTIVATION
MEASURABILITY
DIGITALIZATION
IT SEEMS WE ARE NOT ALONE.
YEAH! BUT IT SEEMS THAT THE MYSTERY HASN'T BEEN SOLVED YET ...
IT SAYS STRATEGY-ACTIVATION.
THE FUTURE IS DIGITAL BUT HUMAN.
DON'T CROSS!!!
UNEXPLORED TERRAIN!
!?
RIVER of TIME
ENJOY YOUR STAY ON THE ISLAND OF ACTIVATION!
FOR YOUR OWN SAFETY, ALWAYS REMEMBER TO STAY ON THE BEATEN TRACK!
MSS CHANGE since 1990
ARGH! I HATE CHANGE!
SIZZLE
NOW EVERYBODY TURN AROUND!
STOMP!!!
RATTLE
WHISTLE!!!
SUSTAINABILITY
HUMAN-CENTERED
Good old Times SCENIC FLIGHTS just the way they used to be
IRRELEVANT
DEPENDENT
BURNT OUT
IN-EFFICIENT

WE EMPOWER MEANINGFUL STRATEGIES FOR A FUTURE WORTH LIVING IN.
ACTIVATION PYRAMID
SPEECH 8 %
POWER POINT 20 %
BIG PICTURE 80 %
CLARIFY PERSONAL CONTRIBUTION TO STRATEGY 90 %
GUIDE YOUR TEAM IN EXECUTIVE STRATEGY 98 %
ENGAGE SUSTAIN MEASURE
ONE, TWO, ONE, TWO ...
MSS RESILIENCE
COMPETENCIES IMPOSE STRATEGY
BIG PICTURE – OWNERSHIP NO EXTRA WORK – NEED RESULTS
WE SOLVE THE PAIN POINTS – HAPPY CLIENT – HAPPY LIFE
ACTIVATION ISLAND NEWS
WELL DONE!
SO ARE YOU!
THE BUSINESS MODEL DOESN'T WORK!
THAT'S IT! I'M GIVING UP!
OH NO! WE HAVE TO KEEP THE SUSTAINABILITY OF OUR BUSINESS MODEL IN MIND!
EXACTLY! THAT IS WHY CREATIVITY AND INNOVATION ARE NEVER AN END IN THEMSELVES, BUT ARE ALWAYS DIRECTED TOWARDS THE NEEDS OF OUR CUSTOMERS.
YOU'RE LACKING EXPERTISE AND LOSING PEOPLE !
PSYCHOLOGICAL SAFTEY
COLLABORATION
IMPACT
EMPOWERMENT
IDENTIFICATION
THAT'S IT! I'M OUTTA HERE.
OH YES! RIGHT! WE MUST REDUCE DEPENDENCIES AND BECOME EVEN FASTER.
YOU ARE TOO SLOW!
ONE COCKTAIL FOR ME AND TWO FOR THE CLIENTS!
2. Let's make it easy for ourselves!
KNOWLEDGE CENTER
DASHBOARD
THIS IS THE END!
HMM! WE NEED TO DEVELOP OUR PEOPLE AND STRENGTHEN OUR COMPETENCES !
WE CAN ADJUST 95% OURSELVES.
ACTION
YOU'RE WORKING IN SILOS AND LOSING SIGHT OF THE TEAM !
FROM HERE ON WITHOUT ME!
EXACTLY! HENCE: SELL FIRST & BUILD FAST. HOWEVER, NEVER FORGET TO THINK IN OPTIONS
OH NO! WE NEED TO TRY TO ALWAYS UNITE AS ONE TEAM AND AVOID SILOS!
THAT'S WHY OUR MOTTO IS: "WE PLAY – NOT FIGHT" WE ARE "EASY TO DEAL WITH" WITHIN OUR TEAM AND FOR OUR CLIENT.
YOU WILL LEAD THE CLIMBING PARTY. YOU HAVE THE MOST CLIMBING EXPERIENCE.
CIRCLE of INFLUENCE
GOOD POINT! THAT'S WHY WE ENHANCE OUR STRENGTHS AND RECOGNIZE THAT WE HAVE TO DEVELOP OUR OWN SKILLS AND COMPETENCES.
TOGETHER FOR THE FUTURE OF OUR COM-PA-NY IN A WORLD WORTH LIVING IN ...
COMMITMENT
• DIGITAL TRANSFORMATION
• GROWTH • NEW TOM
• DOWNSIZING & TURNAROUND
• (POST-)MERGER & ACQUISITIONS
• EMPLOYER BRANDING
• NEW WORK
• GOING GREEN
• CULTURAL CHANGE
ONE TEAM – ONE MISSION
FOCUS
ALIGNMENT
Readiness Trail
LOOK AT THIS: A HEAT ANALYSIS!
DIVERSE UNDERSTANDING OF STRATEGY
CONFLICTING PRIORITIES
DIFFERENT IDEAS ABOUT THE FUTURE
HURDLES WE WOULD FAIL
OLD MINDSET
FINALLY AN AGILE APPROACH THAT ADDRESSES MY ACTUAL NEEDS!
Tiny Interventions
DESCRIBE THE FUTURE AND AIM TO ACHIEVE IT!
... PROVIDE THEM WITH CONTEXT!
AH ... IF YOU WANT PEOPLE TO CARE ...
LOOK AT THE BIRDS: THE LITTLE STRESS SPARROWS, THE CHANGE CRANES, THE ENTREPRENEUR EAGLES.
OH!
PLEASE NOTE: • EMPOWERMENT: +30% • IMPACT: +32% • IDENTIFICATION: +28% • COLLABORATION: +40%
GOT IT.
NOW I CAN SEE THE BIG PICTURE!!!

If you want people to care provide them with context.

Ausblick

Das Big Picture ist immer erst der Anfang einer Reise in eine erstrebenswerte Zukunft. Ein Big Picture für eine große Strategie oder Transformation. Ich bin davon überzeugt: Je mehr Menschen Sie von dem Erfolg Ihrer Strategie überzeugen können, je mehr Menschen also für ein gemeinsames Ziel aktiv werden, desto wertvoller wird Ihre Strategie. Durch das Übersetzen einer abstrakten Strategie in die spannende Geschichte über die Zukunft der eigenen Organisation und durch die Visualisierung dieser Geschichte als Big Picture schaffen Sie es, Komplexität in Kontext zu überführen und damit die Voraussetzung dafür zu schaffen, dass kollektiv mit- und vorausgedacht wird.

Dann geht es in die Umsetzung und damit in ein kleines Paradoxon. Denn jetzt geht es darum, nicht durch überbordende Change-Initiativen die knappe Ressource Zeit noch weiter zu überlasten, sondern – wie beispielsweise Lisa Kirberg in ihrem Interview deutlich gemacht hat – genau das Gegenteil zu tun: Aktivierung in Tiny Interventions. Mehr erreichen, indem man weniger tut, als Antwort auf den würdigsten Gegner, der uns auf dem Weg in die Zukunft begegnen wird: die Zeit. Oder besser der Mangel daran.

Potenzial

Sortierung

Erzählung

Und auf einmal wird Vieles ganz intuitiv und einfach: Im Team den persönlichen Beitrag zum Erfolg klären, als Teil der etablierten Meeting-Routinen. Digital gestützt und ohne weitere Coaches und Trainer. Sich im Team auf die eigenen Stärken besinnen: Was können wir richtig gut? Was sind unsere Kompetenzen, Erfahrungen, unser Wissen und unser Netzwerk? Wie können wir all das nutzen, um unsere strategischen Ziele schneller zu erreichen, die wir im Big Picture kennengelernt haben? Und da Tiny Interventions erst durch die Digitalisierung möglich wurden, profitieren auch diejenigen davon, die für die Umsetzung der Strategie und Transformation verantwortlich sind, denn sie können den Fortschritt messen und in Echtzeit verfolgen, wo die Organisation auf ihrem Weg in Richtung Zukunft wirklich steht.

Wie man nach dem Big Picture in winzigen, aber kollektiven Schritten ganze Unternehmenskulturen transformiert, wird Teil des nächsten Buchs sein, an dem bereits gearbeitet wird. Dann geht es vom großen Buch der Strategie zu den Tiny Interventions. Denn Machen ist wie Wünschen.
Nur krasser.

Analyse

Verdichtung

Impressum

ISBN Print: 978-3-8006-7197-7
ISBN e-PDF: 978-3-8006-7198-4

Druck und Bindung: Himmer GmbH Druckerei & Verlag,
Steinerne Furt 95, 86167 Augsburg

Satz: TATIN Institute GmbH, Isarwinkel 6, 81379 München
Produktion: Sieveking Agentur, München

vahlen.de/nachhaltig

Gedruckt auf säurefreiem, alterungsbeständigem Papier
(hergestellt aus chlorfrei gebleichtem Zellstoff)